AMERICA COLLEGE STUDENT
MATHEMATICS COMPETITION
TESTS FROM THE FIRST TO THE
LAST (VOLUME 8)

历届美国大学生
数学竞赛试题集

2010~2012

第8卷

刘培杰数学工作室 组织编译
冯贝叶 许康 侯晋川 等 编译

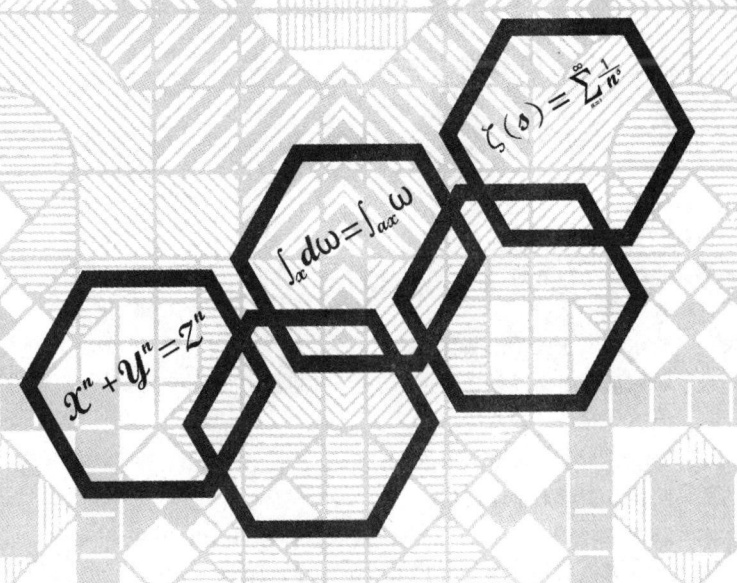

哈爾濱工業大學出版社
HARBIN INSTITUTE OF TECHNOLOGY PRESS

内 容 简 介

本书共分两编:第一编试题,共包括71~73届美国大学生数学竞赛试题及解答;第二编背景介绍,主要介绍了泛函中的凸集。

本书适合于数学奥林匹克竞赛选手和教练员、高等院校相关专业研究人员及数学爱好者使用。

图书在版编目(CIP)数据

历届美国大学生数学竞赛试题集. 第8卷,2010~2012/刘培杰数学工作室等编译. —哈尔滨:哈尔滨工业大学出版社,2015.1
ISBN 978-7-5603-5088-2

Ⅰ.①历… Ⅱ.①刘… Ⅲ.①高等数学-高等学校-竞赛题
Ⅳ.①O13-44

中国版本图书馆 CIP 数据核字(2014)第 296363 号

策划编辑	刘培杰 张永芹
责任编辑	张永芹 刘春雷
封面设计	孙茵艾
出版发行	哈尔滨工业大学出版社
社　　址	哈尔滨市南岗区复华四道街10号 邮编150006
传　　真	0451-86414749
网　　址	http://hitpress.hit.edu.cn
印　　刷	哈尔滨工业大学印刷厂
开　　本	787mm×1092mm 1/16 印张 6.25 字数 106 千字
版　　次	2015年1月第1版 2015年1月第1次印刷
书　　号	ISBN 978-7-5603-5088-2
定　　价	18.00元

(如因印装质量问题影响阅读,我社负责调换)

前言

美国大学生数学竞赛又名普特南竞赛,全称是威廉·洛厄尔·普特南数学竞赛,是美国及整个北美地区大学低年级学生参加的一项高水平赛事.

威廉·洛厄尔·普特南(William Lowell Putnum)曾任哈佛大学校长(自1640年以来,哈佛大学只有28位校长,而美国建国比哈佛建校大约晚了将近140年,却已经有了44位总统),1933年退休,1935年逝世.他留下了一笔基金,两个儿子就与全家的挚友美国著名数学家G·D·伯克霍夫①商量,举办一个数学竞赛,伯克霍夫强调说:"再没有一个学科能比数学更易于通过考试来测定能力了."首届竞赛在1938年举行,以后除了1943~1945年因第二次世界大战停了两年,其余一般都在每年的十一二月份举行.

这个竞赛是美国数学会具体组织的,为了保证竞赛的质量,组委会特组成了一个三人委员会主持其事,三位委员是:波利亚②,著名数学家,数学教育家,数学解题方法论的开拓者,曾主办过延续多年的斯坦福大学数学竞赛(此项赛事中国有介绍,见科学出版社出版的由中国科学院陆柱家研究员翻译的《斯坦福大学数学天才测试》);拉多③,匈牙利数学竞赛

---

① 伯克霍夫(Birkhoff George David,1884—1944),美国数学家,1884年3月21日生于密歇根,祖籍是荷兰.1912年起任哈佛大学教授,后来一直生活在坎布里奇(即哈佛大学所在地).他是美国国家科学院院士,1944年11月12日逝世.

② 波利亚(Pólya George,1887—1985),美籍匈牙利数学家,1887年12月13日出生于匈牙利的布达佩斯.在中学时代,波利亚就显示了突出的数学才能.他先后在布达佩斯、维也纳、哥廷根、巴黎等地学习数学、物理学、哲学等.1912年在布达佩斯的约特沃斯·洛伦得大学获哲学博士学位,1914年在瑞士苏黎世的联邦理工学院任教,1928年成为教授,1938年任院长.1940年移居美国,在布朗大学任教,1942年起在斯坦福大学任教.1985年9月7日在美国病逝,终年98岁.

③ 拉多(Radó,Tibor,1895—1965),匈牙利数学家.生于匈牙利的布达佩斯,卒于美国佛罗里达州的新士麦那比奇.

的早期优胜者,对单复变函数、测度论有重大贡献,曾与道格拉斯同时独立地解决了极小曲面的普拉托(Plateau)问题;卡普兰斯基①,著名的代数学家,第一届普特南竞赛的优胜者.

普特南竞赛的优胜者中日后成名者众多,其中有五人获得了菲尔兹奖:米尔诺②、曼福德③、奎伦④、科恩⑤、汤普森⑥.诺贝尔物理学奖得主中参加过普特南竞赛并获奖的有:Kenneth G. Wilso, Richard Feynman, Steven Weinberg, Murray Gell-Mann. 以奥斯卡获奖影片《美丽心灵》而被国人广为知晓的诺贝尔经济学奖得主约翰·纳什以极大的失望在1947年147位参赛者中名列前10名.难怪有人说:伯克霍夫父子(儿子B·伯克霍夫也是当代活跃的数学家)是普特南家族的密友,这一点是美国低年级大学数学事业的幸运.

这项赛事,题目多出自名家之手,难度很大,质量颇高,受全球数学界所瞩目,历年来仅有3位选手获得过满分(一个在1987年,两个在1988年,1987年的满分由David Moews得到),其中一位是台湾当年的留学生后成长为哈佛大学统计学教授的吴大峻先生,可见华人数学能力之强.

西风东渐,数学竞赛作为西方数学的一种形态也被引入中国,尽管我们有些数学史家喜欢将明代程大位之《算法统宗》中的一幅木刻插图《师生问难图》当作最早的数学竞赛在中国之证据(这幅图在世界上流传甚广,2008年法兰克福图书博览会会场外的旧书摊上笔者见到了一本讲数学计数及进位制历史的德文版图书,此图赫然纸上),但那只是雏形.但今天中国确实已经成为了一个中小学数学竞赛大国.从"华罗庚金杯"到"希望杯",从初中联赛到高中联赛,从CMO到IMO层次众多,体系完备.全国大学生数学竞赛也曾经搞过十届(见许以超,陆柱家等编的《全国大学生数学夏令营数学竞赛试题及解答》).

其实普特南竞赛可以看成是IMO的延伸,以第42届IMO

---

① 卡普兰斯基(Kaplanski Irving,1917—),美国数学家,1917年3月22日出生于加拿大多伦多,祖籍波兰,父母于第一次世界大战前移居加拿大,1938年在多伦多大学获硕士学位,1941年获哈佛大学博士学位,并留校任教,1975年任美国数学会副主席,1985~1986年任主席,1966年被选为美国国家科学院院士.

② 米尔诺(Milnor John Willard,1931—),美国著名数学家,1931年2月20日生于新泽西州奥伦治,他在中学时就是一位数学奇才,1951年毕业于普林斯顿大学,1954年获博士学位,并留校任教,60年代末成为普林斯顿高等研究院教授,他是美国国家科学院院士,美国数学会副会长.

③ 曼福德(Mumford David Bryant,1937—),美籍英国数学家,1937年6月11日生于撒塞克斯郡.16岁上哈佛大学,1961年获博士学位,1967年起任哈佛大学教授.1974年获菲尔兹奖.

④ 奎伦(Quillen Daniel,1940—),美国数学家,1940年4月22日生于新泽西州奥林治,1969年起任麻省理工学院教授,他是美国国家科学院院士.

⑤ 科恩(Cohen Paul Joseph,1934—),美国数学家.生于新泽西州,毕业于芝加哥大学,1954年获硕士学位,1958年获博士学位,1966年获菲尔兹奖.

⑥ 汤普森(Thompson John Griggs,1932—),美国数学家,1955年获耶鲁大学学士学位,1959年获芝加哥大学博士学位,1970年获菲尔兹奖,1992年获沃尔夫奖,同年被法国科学院授予庞加莱金质奖章.此奖章只在特殊情况下才颁发,到目前为止只有3人获此殊荣,前两人是J·阿达马(1962年)和P·德利涅(1974年).

美国队获奖者为例,其中 IMO 历史上唯一一位连续 4 年获得金牌且最后一年以满分获金牌的里德·巴顿在参加完 IMO 之后的秋天进入了麻省理工学院,那年 12 月(与 42 届 IMO 同年)他参加了普特南竞赛,在竞赛中,他获得前 5 名(前 5 名中个人的名次没有公开),而他所在的麻省理工学院代表队仅次于哈佛大学代表队,获得了第 2 名.

另外一位第 42 届 IMO 满分金牌得主(此次 IMO 共 4 名选手获满分,另两位是中国选手)加布里埃尔·卡罗尔也在同一年作为大一新生加入了哈佛大学普特南竞赛代表队,并且在竞赛中也获得了个人前 5 名.

这项赛事的成功是与哈佛大学的成功相伴的,普特南数学竞赛始于西点军校与美国哈佛大学的一场球赛,所以要真正了解此项赛事就必须对这两所名校有所认识,特别是哈佛大学.

17 世纪初的英国,宗教斗争十分激烈,"清教徒"处境艰难,他们陷入两难境地,既不愿抛弃自己的信仰,又不愿拿起武器同当时的国王宣战,最后只能选择背井离乡,远涉重洋,去美洲开辟自己的理想之国.从 1620 年"五月花号"运载的 200 名"清教徒"到达美洲,到 1630 年在新英格兰的"新教徒"已多达 2 万之众.

当他们历尽艰辛建起了美国的教堂之后,一个问题随之出现,"当我们这一代传教士命归黄泉之后,我们的教堂会不会落入那些不学无术的牧师手里?"因为在这些清教徒中,有 100 多人是牛津、剑桥大学毕业的,他们一直在考虑怎样使"我们的后人也受到同样的教育?"于是他们决心在荒凉的新英格兰兴起一座剑桥式的高等学校,它的使命是"促进学术,留传后人".

1636 年 10 月 28 日马萨诸塞州议会作出决议:拨款 400 英镑兴办一所学校,后人便把此日定为这所学校的诞生日,次年 11 月 5 日,州议会命名学校的所在地为"坎布里奇",校名为"坎布里奇学院".

在这坎布里奇附近有个小镇,镇上有个牧师叫约翰·哈佛,他是 1635 年剑桥伊曼纽学院的文学硕士,他来到这镇上不过一两年,便因肺结核去世,临终遗嘱,把一半家产和 400 册藏书捐赠给坎布里奇学院,这一半遗产是 779 英镑 17 先令 2 便士,是州议会拨款的近 2 倍,而那 400 册藏书,在今天看来并不算什么,但以当时的出版之难,以新英格兰离欧洲文化中心之远,堪称可贵.因有这一慷慨遗赠,州议会遂于 1639 年

3月13日把学院改名为"哈佛学院",这就是哈佛大学的肇始.

2万"清教徒",在荒凉的北美洲东海岸,办起一座剑桥式的学院,兴起一座文化城,它至今仍叫"坎布里奇",这地名,凝结着"清教徒"的去国怀乡之情;那校名,体现了"清教徒"的莫大雄心:"把古老大学的传统移植于荒莽的丛林."

数学在早期"哈佛"中并非重点,在1640年亨利·邓斯特受命为"哈佛"第一任院长时,他遵照古老大学的模式,在设置希伯来、叙利亚、亚拉姆、希腊、拉丁等古代语和古典人文学科之外,还设置了逻辑、数学和自然科学课程,并在1727年设立了数学和自然哲学的教授席,在设立之时,就宣称:"《圣经》在科学上并无权威,当事实被数学、观察和实验证明的时候,《圣经》不应与事实冲突."可是宣言只是一种倾向,它在很长的一段时期里没有成为主流,"哈佛"仍旧沿着古老大学的传统生长,重点还在古典人文学科.

哈佛大学理科的振兴是从昆西开始的,昆西是1829年在浓厚的守旧气氛中上台的,为了名正言顺地实施振兴计划,他开始寻找根据,在1643年的档案中他找到了哈佛的印章设计图,那设计的印章上赫然有个拉丁词:Veritas(真理).这是业经董事会通过的,但一直为什么没用,无从考查,但是它给昆西带来启示:追求真理,这不正是大学的最高目标吗?他把这一发现反映给董事会,要求把这个拉丁词铸到印章上去,恢复"清教徒"的理想,但在1836年,他的要求未获通过,直到1885年才正式成为哈佛印章的标记.

哈佛大学从20世纪初至今一直是世界数学的中心之一,也是美国数学的重镇.看一看曾经和现在数学系教授的明星阵容就可知其分量:阿尔福斯,1946~1977年任哈佛大学教授,菲尔兹奖和沃尔夫奖的双奖得主;伯格曼(Bergman,1898—1977)1945~1951年在哈佛任讲师;伯克霍夫(Birkhoff Garrett,1911—1996)1936~1981年在哈佛大学任教;G·D·伯克霍夫(Birkhoff George David,1884—1944)1912年后在哈佛大学;博特(Bott Raoul,1923—)1959年后在哈佛大学;布饶尔(Bruuer Richurd Dagobert,1901—1977)1952年起在哈佛大学;希尔(Hille Curl Einar,1894—1980)1921~1922年任教于哈佛大学;卡兹当(Kazdan Jerry Lawrence,1937—)1963~1966年在哈佛大学任讲师;瑞卡特(Rickart,Charles Eurl,1913—)1941~1943年在哈佛大学任助教;马库斯(Markus Lawrence J.,1922—)1951~1952

年在哈佛大学任讲师;莫尔斯(Morse Harold Marston, 1892—1977)1926～1935年任教于哈佛大学;莫斯特勒(Mosteller Frederick,1916—)1946年任教于哈佛大学;丘成桐(Yau Shing-Tung,1949—)1983年起任教于哈佛大学;沃尔什(Walsh,Joseph Leonard,1895—1973)1921～1966年任教于哈佛大学.

在世界大学生数学竞赛中有两大强国:一是美国,二是苏联,对于后者也已请湖南大学的许康教授为我们数学工作室编译一本《前苏联大学生数学奥林匹克竞赛题解》,但我们首先要介绍的是美国,因为从20世纪开始,世界数学的中心就已经从德国移到了美国.1987年10月24日日本著名数学家志贺浩二在日本新潟市举行的北陆四县数学教育大会高中分会上以"最近的数学空气"为题发表了演讲,其中特别提到了美国数学的兴起,他说:

"与整个历史的潮流相同,在数学方面,美国的存在也值得大书特书,在第二次世界大战的风暴中,优秀的数学家接连不断地从欧洲移居到能够比较平静地继续进行研究的美国,特别是犹太人,他们擅长数学的创造性,人们以为,数学史上大部分实质性的进步是由犹太人取得的.由于纳粹的镇压,许多犹太血统的数学家逃到了美国.于是,美国社会就出现了现在这种数学的全新面貌,可以说浑然一体的数学社会诞生了.到20世纪前半叶为止的欧洲,权威思想常常有社会观念作背景,数学也在和哲学权威、大学权威、国家权威等错综复杂地互相作用的同时,来保持数学学科的权威,高木(贞治)赴德时,以希尔伯特为中心的哥廷根(Göttingen)大学的权威俨然存在;1918年独立后的波兰,在独立的同时,新兴数学的气势好像象征国家希望似的日益高涨.

"然而,由于从欧洲各国来的数学家汇集美国社会,还由于美国社会心平气和地接受了他们.所以,一直支撑学术的大学或国家的权威至今已一并崩溃,整个数学恰与今天的美国社会一样成了浑然一体.美国社会可以说是某种混合体似的社会,具有使每个人利用各自的力量激烈竞争而生存下去的形态,从中也就产生了领导世界的巨大的数学社会,这当然是于20世纪后半叶在数学社会中发生的新现象."

按照社会学的研究,任何社会都是分层的,而各层之间是需要流动的,流动通道是否畅通决定了一个国家的兴衰.青年阶段是人生上升的最重要阶段,社会留给他们怎样的上升通道决定于整个社会对人才的认识与需求,曹雪芹的时代就是科举,而于连的时代是选择红与黑(主教与军官),而当今社会大多数国家普遍选择教育,特别是高等教育来作为人生进阶的手段,这当然是世界各国的共识,也是大趋势.

英国小说家萨克雷(Thackeray,1811—1863)曾写过多篇讽刺上层社会的作品,如长篇小说《名利场》《潘登尼斯》,在其作品中描述了一种大学里的势利小人(University snobs),他们是这样的一种人:"他在估量事物的时候远离了事物的真实、内在价值,而是迷惑于外在的财富、权力或地位所带来的利益.当然存在这样的小人,他们会匍匐在那些财富、权力或地位占有者的脚下,而那些优越的人也会俯视着这些没有他们幸运的家伙,在美国东部的某些学院中,阿谀权贵家庭的情况的确存在,但并没有走到危险的地步.我们大学里那些豪华的学生宿舍和俱乐部表明铺张浪费、挥霍钱财的情况确实存在,但是就整体而言,美国大学中对财富的势利做法相对比较少;这一类的做法已经遍及全国,连低级杂志给富人揭短反而也助长了读者的势利心态,想到这一点,也许我们更该知足了罢.在我们的大学中还有一种愿望同样值得称赞,那就是让每个人都得到一次机会,事实上,大学院系中更具人道主义精神的成员很乐于浪费他们的精力,力图根据学生的能力而不仅是他们的出身来提携学生,使他们超越自己原来所属的层次."([美]欧文·白壁德著.文学与美国的大学.张沛,张源,译.北京:北京大学出版社,2004:51.)

解决这一弊端的一个好办法就是在大路上再修一条快速通过的小路,除正面楼梯外再给天才们留一个后楼梯,那就是竞赛.

那么为什么偏偏选择数学竞赛这种方式呢?

日裔美国物理学家加来道雄(Michio Kaku)在其科普新作《平行宇宙》(*Parallel Worlds*)中指出:"在历史上,宇宙学家因名声不是太好而感到痛苦.他们满怀激情所提出的有关宇宙的宏伟理论仅仅符合他们的一点可怜的数据,正如诺贝尔奖获得者列夫·兰道(Lev Landau)所讽刺的:'宇宙学家常常是错误的,但从不被怀疑.'科学界有句格言:'思索,更多的思索,这就是宇宙学.'"

在整个宇宙学的历史中,由于可靠数据太少,导致天文学家的长期的不和和痛苦,他们常常几十年愤愤不平.例如,就在威尔逊山天文台的天文学家艾伦·桑德奇(Allan Sandage)打算做一篇有关宇宙年龄的讲演前,先前的发言者辛辣地说:"你们下一个要听到的全是错的."当桑德奇听到反对他的人赢得了很多听众,他咆哮着说:"那是一派胡言乱语,它是战争——它是战争!"

想一想连素以自然科学自居的天文学的大家之间都很难达成共识,其他学科可想而知,所以要想客观,要想权威,要想公正,数学竞赛是一个不错的选择,当然围棋也可以,不过那种选拔只能是手工作坊式,无法大面积批量"生产人才".历史总会选择能够大规模、低成本的生产方式,包括选拔人才.商务印书馆创始人张元济先生舍弃地位显赫的公学校长一职而转投当时尚为"街道小厂"的商务印书馆时,所有的人都不理解,后来他才告诉大家因为出版之影响远胜于教育,因为它可快速批量复制.以当时中国的人口规模而言,商务印书馆所发行的课本近一亿册,不能不令人惊叹.

数学竞赛无疑是为了选拔和发现精英的,我们不妨关注一下世界最顶尖的精英集合——诺贝尔自然科学奖获得者团体.2014年的诺贝尔自然科学奖评选已揭晓,领奖台上又多是欧美科学家,中国科学家再次沦为看客.曾有学者做过统计,一个具有一定的经济基础和科学实力的国家,自革命胜利或独立后三四十年内,一般会出现一名诺贝尔自然科学奖获得者,例如,巴基斯坦是29年,印度是30年,苏联是39年,捷克是41年,波兰是46年,而我们已经建国65年了,还没有实现零的突破,这已被人们称为当代的"李约瑟难题",这种零诺贝尔自然科学奖现象的出现大学有不可推卸的责任.从外表上看,中外大学生都在忙着学知识,但实质上动机有所不同,就像围棋界中既有大竹英雄、武宫正树那样的"求道派",也有坂田荣男、小林光一那样的"求胜派"一样.北京大学教授陈平原在《大学何为》中指出:"总的感觉是,目前中国的大学太实际了,没有超越职业训练的想象力.校长如此,教授如此,学生也不例外."

以大学生数学竞赛为例,本来数学竞赛是用以发现具有数学天赋的数学拔尖人才的一种选拔方式,但在中国却早已蜕变为另一场研究生入学考试,试题极其相近,风格极其相似,一路对高深数学的探索之旅早已演变成追求职业功名的器物之用,而且现在出版的此类图书早已将两者合二为一了,比如笔者手边的一本《大学生数学竞赛试题研究生入学数学考试难题解析选编》即是如此.于是,两类目的不同,风格应该迥异的考试就这样"融合了",所以人们现在格外关注大学精神.

有人把大学的精神境界分为三类:第一类,追求永恒之物,如真理(西方文化里的上帝);第二类,追求比较稳定的事物,如公平、正义、知识等;第三类,追求变化无常的事物,如有用、时尚等,美国一些重点大学一般追求的是第一、二类价值.以2007年美国大学排名的前4位的校训为佐证:普林斯顿大学 Under God's power she flourishes(拉丁语:Dei Subnumine viget),即借上帝之神力而盛;哈佛大学:Truth(拉丁语:Veritas),即真理;耶鲁大学:Light and truth(拉丁语:Lux et veritas),即光明与真理;加州理工学院:The truth shall make you free,即真理使人自由.

王国维的《人间词话》是这样开篇的:"词以境界为最上.有境界,则自成高格,自有名句."

在2002年的 Newsweek International 上 Sarah Schafer 以 Solving for Creativity 为题发表文章说:"(中国大学教育的)这种平庸性可能会削弱中国的技术抱负,这个国家希望不只是一个世界工厂,北京希望自己的高技术中心能与硅谷相匹敌,但是许多最伟大的创新来自于在实验室中从事纯粹研究的学者,当然,一个到处都是中学数学精英的国家可以为世界提供数以百万计的合格的电脑程序员.但是如果中国真的想成为一个高科技的竞争者,那么中国学生就必须能够创造尖端技术,而不是简单地服务于它."

有人提出现在在中国大学中数学建模大赛日盛,将来能否有一天纯数学竞赛被其取代.对于这种疑问我们可以肯定地说:"在可预见的将来不会,因为就像纯数学永远不可能被应用数学取代一样."

陆启铿先生在庆祝中科院理论物理所建所30周年大会上的讲话中谈到了一个关于应用的例子.

1959年陆启铿先生受华罗庚先生委托,接受了程民德先生的邀请到北京大学数学系为五年级学生开设一个多复变函数课程的任务."大跃进"运动一来,北大提出了"打倒欧家店,火烧柯西楼"的口号,多复变中也有柯西公式,因而也被波及.学生们质问陆先生:"多复变是如何产生的?"陆先生说:"最初是由推广单复变数的一些结果产生的."学生们又问:"多复变有什么实际应用?"陆先生说:"到目前为止还不知道."学生们说:"毛主席教导我们说,真正的理论是从实际中来,又可以反过来指导实际,多复变违反了毛主席对理论的论述,它不是科学的理论;换句话说,是伪科学."

陆先生为此受到很大的压力,后来直到参加了张宗燧先生的色散关系讨论班中才知道了多复变可用于色散关系的证明,就是 Bogo Luibov 的劈边定理(edge of wedge theorem),也知道未来光锥的管域,就是华罗庚的第四类典型域.纯数学是应用数学的上游,是本与末的关系.美国高等研究院(Institute of Advanced Study,简记为 IAS)的 Armand Borel 教授将数学比作冰山,他说:

"露在水面以上的冰峰,即可以看到的部分,就是我们称为应用数学的部分,在那里仆人在勤勉、辛苦地履行自身的职责,隐藏在水下的部分是主体数学或纯粹数学,它并不在大众的接触范围之内,大多数人只能看到冰峰,但他们并没有意识到,如果没有如此巨大的部分奠基于水下,冰峰又怎能存在呢?"

其实数学在整个社会文化知识体系中也是大多处于水下部分,但这一点已被更多的人发觉.江苏教育出版社的胡晋宾和南京师范大学附中的刘洪璐注意过一个有趣的现象,那就是国内许多大学的校长(包括现任的、离任的,以及正职、副职)都是数学专业出身.具体见下表.

数学家	所在大学
熊庆来	云南大学
何 鲁	重庆大学(安徽大学)
华罗庚	中国科技大学
苏步青	复旦大学
柯 召	四川大学
吴大任	南开大学
钱伟长	上海大学
丁石孙	北京大学
齐民友	武汉大学
胡国定	南开大学
谷超豪	复旦大学(中国科技大学)
伍卓群	吉林大学
龚 升	中国科技大学

续表

数学家	所在大学
潘承洞	山东大学
王梓坤	北京师范大学
黄启昌	东北师范大学
李岳生	中山大学
梅向明	首都师范大学
陈重穆	西南师范大学
王国俊	陕西师范大学
管梅谷	山东师范大学
李大潜	复旦大学
刘应明	四川大学
张楚廷	湖南师范大学
陆善镇	北京师范大学
陈述涛	哈尔滨师范大学
候自新	南开大学
王建磐	华东师范大学
程崇庆	南京大学
宋永忠	南京师范大学
黄达人	中山大学
程 艺	中国科技大学
叶向东	中国科技大学
史宁中	东北师范大学
展 涛	山东大学
竺苗龙	青岛大学
庾建设	广州大学
陈叔平	贵州大学
吴传喜	湖北大学

据不完全统计共 39 位,正如胡、刘两位所分析:这个现象与数学学科的育人价值有关系.苏联数学家 A·D·亚历山大洛夫认为,数学具有抽象性、严谨性和广泛应用性,以此推断,数学的抽象性能够使得数学家在校长的岗位上容易抓住纷繁芜杂事务背后的本质,并对之进行宏观调控,实现抓大放小和有的放矢.数学学习讲究原则,数学推理遵循公理,数学思维严谨缜密,这些使得人们对数学家的为人处世的客观性和公正性有较好的口碑,因而更加具有社会基础.学习数学的人具有较强的逻辑思维能力,务实能力强,因而做行政工作时执行力强,更加有条不紊.数学的应用广泛性,也功不可没.数学学习中经历的思想、精神和方法具有较强的迁移作用,能够为担任校长职务锦上添花;现在的许多大学规模宏大,人员众

多,校长面临的许多问题或许会用到数学的思想、方法和技术,因为数学已经从幕后走到台前,渗透到社会生活的方方面面,正因如此,数学家相对而言更加胜任大学校长的角色.

本书的编写也体现了我们对美国高等数学教育的欣赏.

美国人对数学的热情与重视可从下面的两件小事中得以反映.

第一件事是1963年9月6日晚上8点,当第23个梅森素数 $M_{11\,213}$ 通过大型计算机被找到时,美国广播公司(ABC)中断了正常的节目播放,以第一时间发布了这一重要消息.发现这一素数的美国伊利诺伊大学数学系全体师生感到无比骄傲,为了让全世界都分享这一成果,以至于把所有从系里发出的信件都盖上了"$2^{11\,213}-1$ is prime"($2^{11\,213}-1$ 是个素数)的邮戳.

第二件事是1933年的大学生数学竞赛中西点军校的代表队打败了哈佛大学代表队,一位军校生获得了个人最高分,报纸报道了军队的胜利,并且西点军校队收到了陆军参谋长道格拉斯·麦克阿瑟(Douglas MacArthur,曾以94.18的平均成绩获西点军校自他以前25年来的最高分,此人在抗美援朝战争中被国人知晓)将军的一封特殊的贺信.

有一份报告(National Research Council (NRC), Educating mathematical Scientists: Doctoral Study and the post-doctoral experience in the United States, National Academy Press, 1992)指出:

"美国教育制度的主要长处之一就是其多样性.在任何水平——博士(博士后),大学、中学和小学——都不能强加单一的教育范例,不同的教学计划都可能达到同样的目标,这种教育制度鼓励创新以及满足专业和国家需要的当地解决办法的研究,然后这种当地解决办法就会传播开,从而改进所有地方的教育."

这些正是我们要思考、研究和借鉴的!

刘培杰

2014年10月1日于哈工大

目录

第一编 试题 // 1

美国大学生数学竞赛简介 // 3

    1. 引言 // 3

    2. 代表队的表现 // 4

    3. 参赛者的成绩 // 6

    4. 普特南名人录 // 7

    5. 结论 // 8

第 71 届美国大学生数学竞赛 // 9

第 72 届美国大学生数学竞赛 // 16

第 73 届美国大学生数学竞赛 // 28

第二编 背景介绍 // 37

泛函中的凸集 // 39

    1. 凸集及其性质 // 39

    2. 闵可夫斯基泛函 // 45

    3. 闵可夫斯基泛函的一个应用——非零连续线性

        泛函的存在性 // 49

4. 凸集分离定理　// 57

后记　// 67

第一编

试题

美国大学生数学竞赛简介[①]

1. 引 言

美国大学生数学竞赛(普特南数学竞赛)每年举行一次,对象是美国和加拿大的低年级数学本科生.第一届美国大学生数学竞赛于1938年举行,但其前身为1933年举行的10名Harvard大学的学生和10名美国西点军校的学生之间的一次数学竞赛.那次竞赛是Elizabeth Lowell Putnam 为了纪念其已故的丈夫 William Lowell Putnam 而资助的,W. L. Putnam 是Harvard大学1882级的学生.那次竞赛举行得如此成功,以至有了一个举行年度竞赛的计划,所有感兴趣的大学、学院都可以参加.1938年,美国数学协会(the Mathematical Association of America)资助了第一届官方的美国大学生数学竞赛.Harvard大学数学系成员准备了试题并评分,而 Harvard 大学的学生被排除在第一年的竞赛之外.竞赛分个人竞赛和团体竞赛.试题从分析、方程论、微分方程和几何等科目中选出.竞赛的前几届的奖金为:团体前3名分别获得$500、$300、$200;而个人前5名每人获得$50,并且他们成为普特南会员(Putnam Fellow).到2003年,团体前5名分别获得的奖金为 $25 000、$20 000、$15 000、$10 000 和 $5 000;而普特南会员每人获得的奖金为 $2 500.此外,每年有一位普特南会员获得 William Lowell Putnam 奖学金,用于在 Harvard 大学读研究生.

163个个人和42个团队参加了第一届竞赛.1961年参赛者第一次超过了1 000人,那年有1 094个个人和165个团队参赛.2003年有3 615个个人参赛,他们代表了479个单位和401个团队.2003年一年的参赛人数超过了1938~1957年前17届参赛者人数之和.(由于第二次世界大战,1943~1945年的竞赛停办;而在1958年有两次竞赛——春秋各一次.)很巧,1980年和1981年都有2 043名参赛者.统计到2003年,一共有96 534名参赛者.在战后的第一次竞赛,即1946年的竞赛,参赛人数是历史上最少的,只有67人和14个队.表1提供了直到2003年的64届竞赛的每次参赛人数.

在前22届竞赛中,试题数的变化范围为11~14,但是从1962年的第23届开始,竞赛的时间分为两节,一节是上午的3小时,一节是下午的3小时.每一节要做6道题,每道题10分.组队的单位必须在赛前指定3位参赛者为队员.每队的得分为3名队员的排位之和.这样,若一个队的3名队员排位为第21、第49和第102,那么该队得分为172.队的得分越低,它的排位越高.团体计分的这种方法很大程度上取决于该队的最低得分者,因为有相当多的人在低分段.例如,在1988年得10分的队员排位第1 496,但是得9分的队员排位在第1 686.在2001年,1分产生1 469.5团体分,而一个0分导致2 292团体分.这样,个人分数的些微差别可以引起几百个团体分的悬殊.

[①] 原题:The First Sixty-Six Years of the Putnam Competition.
译自:The Amer. Math. Monthly, Vol. 111(2004),No. 8,691-699.作者:Joseph A. Gallian.

表 1 前 64 届竞赛参赛人数

年份	人数	年份	人数	年份	人数	年份	人数
1938	163	1957	377	1972	1 681	1988	2 096
1939	200	1958S	430	1973	2 053	1989	2 392
1940	208	1958F	506	1974	2 159	1990	2 347
1941	146	1959	633	1975	2 203	1991	2 325
1942	114	1960	867	1976	2 131	1992	2 421
1946	67	1961	1 094	1977	2 138	1993	2 356
1947	145	1962	1 187	1978	2 019	1994	2 314
1948	120	1963	1 260	1979	2 141	1995	2 468
1949	155	1964	1 439	1980	2 043	1996	2 407
1950	223	1965	1 596	1981	2 043	1997	2 510
1951	209	1966	1 526	1982	2 024	1998	2 581
1952	295	1967	1 592	1983	2 055	1999	2 900
1953	256	1968	1 398	1984	2 149	2000	2 818
1954	231	1969	1 501	1985	2 079	2001	2 954
1955	256	1970	1 445	1986	2 094	2002	3 349
1956	291	1971	1 569	1987	2 170	2003	3 615

队员的事先指定这一事实及以排位数之和为队的分数的方法,有时引起一些奇特的结果. 例如,在 1959 年,Harvard 大学有 4 个普特南会员,但在队际竞赛中只得第 4 名;在 1966 年和 1970 年,麻省理工学院虽有 3 名普特南会员,但并非竞赛的优胜者;有 15 次竞赛,优胜者单位中没有普特南会员.

2. 代表队的表现

Harvard 大学在美国大学生数学竞赛中有最佳的纪录. 直到 2003 年,Harvard 大学有 24 次赢得团体冠军,而其最强有力的竞争者——Caltech(California Institute of Technology,加州理工学院),获得 9 次团体第一. 位于第三、得到过 4 次团体第一的是 MIT,Washington 大学和 Toronto 大学. Toronto 大学的 4 次团体第一都是在竞赛最早的 6 年中获得的. 如果不是因为 Toronto 大学数学系在 1939 年和 1941 年出了竞赛的试题而使自己失去了资格,说不定 Toronto 大学会取得所有前 6 届的团体冠军. 从第 5 届竞赛开始,试题由从不同学校挑选出的一个委员会来准备,而不是由上一届竞赛冠军队的数学系来准备了. 这意味着上一年的冠军队不会再失去资格了. 很奇怪,Harvard 大学代表队在前 6 次竞赛中都未进入前 5 名,而在直到 2003 年的第 64 次竞赛中却有 50 次进入了前 5 名. 在前 20 次竞赛(1938~1959)中,纽约州的一些单位,Brooklyn 学院、Brooklyn 工艺学院、Columbia 大学和 New York 城市学院,在团体竞赛中以及产生普特南会员方面表现出色. Caltech 的辉煌年代是 1971~1976 这 6 年,其间,Caltech 赢得 5 次团体第一. 除了 Harvard 大学之外,只有一次同一个队连续 3 年获得第一,这就是 1971~1973 年的 Caltech. 1976~1986 年之间,Washington 大学获得 4 次冠军和 4 次亚军. 在此期间,Washington 大学仅有两名普特南会员. 大约从 1990 年开始,Duke 大学以与吸收全国最好的高中篮球运动员同样的热情吸收全国最好的高中数学学生. 从此以后,Duke 大学以作为 Harvard 大学的高层竞争对手的面貌出现,赢得了 3 次冠军、2 次亚军和 4 次季军.很有趣的是,在此期间,Duke 大学的普特南团队的表现与其篮球队同样出色!(到 2003 年止,其篮球队获得 3 次冠军,3 次亚军,没有得过第 3 名)Princeton 大学的业绩如同一个女傧相,曾经 22 次进入前 5 名,其中 7 次获得第 2 名,但从未居榜首. 美国州立大学中获得团体冠军的是 Michigan 州立大学(3 次),位于 Davis 的 California 大学(1 次)和位于 Berkeley 的 California 大学(1 次). 文科学院获得的最高名次是 1972 年由 Oberlin 学院所取得的第 2 名. 同一年 Swarthmore 学院获得第 4 名. Harvard 大学最长的冠军链是 8 年(1985~1992),而其最长的无冠军链是 15 年(1967~1981). 唯一一次并列第一是 1984 年的位于 Davis 的 California 大学和 Washington 大学. 很令人惊讶,在 1986,1987 和 1990 年, Harvard 大学代表队的每一位队员都是普特南会员. 每年前 5 名学校和前 5 名个人的一份完整的表可在网址 http://www.maa.org/Awards/putnam.html 处找到. 表 2 列出了至少在一次竞赛中取得过前 5 名的每个队,以及这些单位中普特南会员的总数. 表中的末 4 行是团体从未进入前 5 名,但至少有两名普特南会员的单位.

表 2 前 64 届竞赛优胜队①

单位	第 1 名	第 2 名	第 3 名	第 4 名	第 5 名	普特南会员数
Harvard Univ.	24	8	12	5	1	91
Caltech	9	3	5	5	5	19
MIT	4	9	7	7	6	37
Univ. of Toronto	4	5	4	3	1	23
Washington Univ.	4	4		1	2	6
Duke Univ.	3	2	4			6
Brooklyn College	3	1	1			5
Michigan State Univ.	3			2		5
Univ. of Waterloo	2	3	5	1	4	8
Cornell	2	3	1	1	2	5
Polytechnic Inst. Brooklyn	2	1				3
Univ. of Chicago	1	3	3	1	2	10
U. California, Berkeley	1	1	2	4	2	16
U. California, Davis	1	1		1		2
Queen's Univ.	1		1	1		1
Case Western Reserve	1			2	1	4
Princeton Univ.		7	4	7	4	17
Yale Univ.		3	1	4	3	8
Columbia Univ.		2	3			8
Rice Univ.		1	1	1	1	3

---

① 表 2 中的单位名称保留为原文.——译者注

续表 2

单位	第1名	第2名	第3名	第4名	第5名	普特南会员数
U. Pennsylvania		1	1	1		3
City College New York		1		4		10
Dartmouth		1			1	2
U. British Columbia		1			1	1
Oberlin College		1				
Carnegie Mellon			2	1		3
Cooper Union			2			1
U. California, Los Angeles			1		1	2
Harvey Mudd College			1		1	
U. Maryland, College Park			1			
New York Univ.			1			3
Miami Univ.			1			
Mississippi Women's College			1			
Stanford Univ.				3	2	
U. Michigan, Ann Arbor				1	2	
Kenyon College				1		2
Swarthmore				1		1
Univ. of Manitoba				1		1
Illinois Inst. Technology				1		
McGill Univ.				1		1
Univ. of Kansas					1	
U. of Minnesota Minneapolis						3
Purdue Univ.						2
U. Alberta						2
U. California, Santa Barbara						2

3. 参赛者的成绩

至于普特南会员的产生方面，Harvard 大学仍是占压倒优势的优胜者，它与第 2 位麻省理工学院的普特南会员人数之比为 91∶37. Harvard 大学在某 4 次竞赛中都产生了 4 位普特南会员. 很奇怪，直到第 6 届竞赛 Harvard 大学才有了它的第一位普特南会员. 此后，Harvard 大学不产生普特南会员的最长周期是 3 年，而且这只发生过一次. 由于第 4 名有相同的分数，或者第 5 名有相同的分数，在 12 次竞赛中产生了 6 位普特南会员，而在 1959 年，有 4 位参赛者并列第 5，因此产生了 8 位普特南会员. 产生多于 5 位普特南会员的 13 次竞赛中的 11 次出现在 1970 年之后. 到 2003 年，共有 250 个个人成为普特南会员(计重数的话为 335 人次). 仅有 5 人(姓名略——译者)4 次成为普特南会员. 16 人(姓名略——译者)3 次成为优胜者. 应该注意到，有一些 3 次优胜者仅参加了 3 次竞赛，39 人两次成为普特南会员，似乎从没有同一个家庭的两个成员成为普特南会员的. 最接近于此的是 Doug Jungreis 和 Irwin Jungreis 兄弟. Doug 于 1985 年和 1986 年进入前 5 名，而 Irwin 于 1980 年和 1982 年位居第 6 名和第 10 名之间. Dylan Thurston, Fields 奖章得主 William Thurston 的儿子，

1993 年所得名次在第 6 名和第 10 名之间. 女性获得荣誉提名奖或更高类别奖项有记载的第一次是在 1948 年. 1949 年的一本月刊的公告中她被列为"M. Djorup(小姐), Ursinus 学院". 因为许多参赛者用他们的首名和中间名的第一个字母(例如, R. P. Feynman),因此很可能 Djorup 并非是获得荣誉提名奖或更高类别奖项的第一位女性. 第一位女性普特南会员是 1996 年 New York 大学的 Ioana Dumitriu;第二位是 2002 年 Duke 大学的 Melanie Wood;第三位是 2003 年 Princeton 大学的 Ana Caraiani. 由于不注明参赛者的年龄,因而无从知道竞赛优胜者的最小年龄和最大年龄. 最年轻的一个候选人是 Noam Elkies,他是 1982 年的普特南会员,其时 16 岁 4 个月(Lenny Ng 也在 16 岁时成为普特南会员,但他比 Elkies 大 7 个月). Samuel Klein 可能是一个最老的优胜者,他出生在 1934 年,并且在 1953,1959 和 1960 年成为竞赛的优胜者. 作为一个集体,2003 年竞赛的 5 位优胜者可能聚集了曾有过的赢得普特南会员最大次数:Gabriel Carroll 第 4 次, Reid Barton 第 3 次(仅参加 3 次竞赛),其他 3 人都是第 1 次.

与早年的美国大学生数学竞赛不同,在近来的 25 年中,许多在美国大学生数学竞赛中有杰出表现的人作为中学生曾经参加过在美国的解题训练夏令营,或者在什么地方参加过每年一次的 IMO(国际数学奥林匹克竞赛)的准备. 代表自己的国家参加 IMO 的许多国际学生已经来到美国读本科. 其结果是,现在美国大学生数学竞赛的优胜者来自众多国家.

在 1938~2003 年的 64 次竞赛中,只有 3 个满分———一个在 1987 年,两个在 1988 年. 5 个最高得分者总是按其字母次序列出,我们知道,1987 年的满分由 David Moews 得到. 关于此分数令人惊奇的是,1987 年的试题是最难的一次. 分数的中位数①是 1 分,而 26 分则居(2 170 名参赛者)前 200 位. 1987 年的第 2 个最高分是 108 分,而 1988 年的第 2 个最高分是 119 分. 1987 年和 1988 年的优胜者排位于曾经有过的最强的集体中,其中有 Bjorn Poonen 和 Ravi Vakil,4 次的普特南会员;David Moews 和 David Grabiner,3 次的普特南会员;以及 Mike Reid,2 次的普特南会员. 与 1988 年的分数成对比,1963 年竞赛的 1 260 个参赛者的最高分数是 62 分. 1963 年,任何一个得分为 28 分的选手排位在前 10%.

4. 普特南名人录

在过去的年代里,许多杰出的数学家和科学家都曾经参加过美国大学生数学竞赛. 其中有菲尔兹奖章得主 John Milnor, David Mumford, Daniel Quillen, Paul Cohen 和 John G. Thompson(Milnor, Mumford 和 Quillen 是普特南会员;Cohen 排位前 10 名;Thompson 获得荣誉提名奖). 物理学诺贝尔奖得主中获得荣誉提名奖或更高类别奖项的有:Richard Feynman,1939 年的普特南会员;Kenneth G. Wilson,两次成为普特南会员;以及 Steven Weinberg 和 Murray Gell-Mann;(以《美丽心灵》闻名的)诺贝尔经济学奖得主 John Nash 以极大的失望在 1947 年 147 名参赛者中名列前 10 名;Eric Lander,人类基因组计划的主要负责人之一,在 1976 年也获得前 10 名;Mumford 和 Lander 都是 MacArthur 会员(Fellow);杰出的计算机科学家 Donald Knuth 于 1959 年获得荣誉提名奖. 在美国大学生数学竞赛中有杰出表现的美国数学会理事长有:Irving Kaplansky(1938 年的普特南会员),

---

① 一个有限实数集 $A=\{a_1,\cdots,a_n\}$ 的中位数 m 定义如下:不妨设 $a_1,\cdots,a_n$ 满足 $a_1\leqslant\cdots\leqslant a_n$,则 $m=a_{(n+1)/2}$,若 n 为奇数;$m=(a_{n/2}+a_{(n/2)+1})/2$,若 n 为偶数. ——译者注

Andrew Gleason(1940,1941,1942 年的普特南会员)和 Felix Browder(1946 年的普特南会员),以及美国数学协会(MAA)的现任理事长 Ron Graham(1958 年获得荣誉提名奖). 另一些在美国大学生数学竞赛中有杰出表现的人获得了由美国数学会颁发的享有声望的研究奖项. 1956 年的 Harvard 大学代表队有一位未来的诺贝尔奖得主(Wilson)和一位未来的菲尔兹奖章得主(Mumford). 他们俩都是 1956 年的普特南会员,并且 Harvard 大学代表队当年亦取得冠军.

5. 结 论

表 3 提供了 1967~2003 年间每次竞赛前 5 名的分数和当年竞赛分数的中位数①. 注意,其中有 3 年的中位数是 0,并且有 5 年的中位数是 1. 还要注意,1995 年第 1 名与第 5 名只有 1 分之差. 在 1967~2003 年间,第 1 名与第 5 名分数差的最大差距是 35 分,而第 1 名与第 2 名分数差的最大差距是 22 分. 在此期间的最大中位分数是 19,平均中位分数是 5.7,中位分数的中位数是 4.0 分,其出现最多的一次是 1999 年,当年 2 900 个参赛者中有 1 745 个得 0 分.

表 3 1967~2003 年间每次竞赛前 5 名的分数和当年竞赛分数的中位数

年份	1	2	3	4	5	中位数	年份	1	2	3	4	5	中位数
1967	67	62	60	58	57	6	1986	90	89	86	82	81	19
1968	93	92	89	85	85	10	1987	120	108	107	90	88	1
1969	87	82	80	79	73	10	1988	120	120	119	112	110	16
1970	116	107	104	97	96	4	1989	94	81	78	78	77	0
1971	109	90	88	84	74	11	1990	93	92	87	77	77	2
1972	83	79	66	63	59	4	1991	100	98	97	94	93	11
1973	106	86	86	78	76	7	1992	105	100	95	95	92	2
1974	77	70	62	61	57	6	1993	88	78	69	61	60	10
1975	88	87	86	84	80	6	1994	102	101	99	88	87	3
1976	74	70	68	64	61	6	1995	86	86	86	86	85	8
1977	110	103	90	90	88	10	1996	98	89	80	80	76	3
1978	90	77	74	73	71	11	1997	92	88	78	71	69	1
1979	95	90	87	87	73	4	1998	108	106	103	100	98	10
1980	73	72	69	68	66	3	1999	74	71	70	69	69	0
1981	93	72	64	60	60	1	2000	96	93	92	92	90	0
1982	98	90	88	85	82	2	2001	101	100	86	80	80	3
1983	98	88	81	80	79	10	2002	116	101	98	96	96	3
1984	111	89	81	80	80	10	2003	110	96	95	90	82	1
1985	108	100	94	94	91	2							

通过考察美国大学生数学竞赛的结果可以吸取什么教训?似乎在美国大学生数学竞赛中有好的表现与作为一个职业数学家的好的成就有关联,但是许多最好的研究型数学家在美国大学生数学竞赛中并未得到高分,当然他们中有许多并未参加美国大学生数学竞赛.

---

① 这是我能提供的全部数据. ——原注

第71届美国大学生数学竞赛

2010年12月4日举行了第71届William Lowell Putnam数学竞赛. 竞赛由William Lowell Putnam奖励基金会资助. 该基金会是由Putnam夫人为纪念其丈夫而出资设立的. 每年一次的竞赛由美国数学协会(the Mathematical Association of America)主办. 按照竞赛规则, 结果如下.

一等奖25 000美元奖给加州理工学院(California Institute of Technology)数学系, 3名队员每人获1 000美元奖金. 二等奖20 000美元奖给麻省理工学院(MIT)数学系, 3名队员每人获800美元奖金. 三等奖15 000美元奖给哈佛(Harvard)大学数学系, 3名队员每人获600美元奖金. 四等奖10 000美元奖给伯克利(Berkeley)加州大学数学系, 3名队员每人获400美元奖金. 五等奖5 000美元奖给滑铁卢(Waterloo)大学数学系, 3名队员每人获200美元奖金.

(按校名的英文序)杜克(Duke)大学、普林斯顿(Princeton)大学、斯坦福(Stanford)大学、不列颠哥伦比亚(British Columbia)大学、多伦多(Toronto)大学的代表队获荣誉提名奖.

个人成绩前5名(其中麻省理工学院2名, 哈佛大学1名, 斯坦福大学1名, 加州理工学院1名)每人获2 500美元奖金, 并成为Putnam会员(Putnam Fellow). 个人成绩第6～14名每人获1 000美元奖金. 个人成绩第15～24名每人获250美元奖金. 第25名(含)之后的60位个人获荣誉提名奖. 并表扬了其他的97名(含)内的个人.

以William Lowell Putnam的妻子名字命名的Elizabeth Lowell Putnam奖是奖给"在竞赛中表现特别值得称赞的一位女性"的, 奖金1 000美元, 本届该奖的得主是麻省理工学院的学生.

来自加拿大和美国的546个学院和大学的4 296名学生参加了这次竞赛. 有442个院校组队参赛. 命题委员会由麻省理工学院的Bjorn Poonen(主席), 得克萨斯基督教大学(Texas Christian University)的George T. Gilbert和不列颠哥伦比亚大学的

Izabella Laba 组成. 他们出了题,而且提供了众多解答中最优秀的解答. 与本文不同的解答在 Mathematics Magazine, 2011(84), 74-80 中刊出.①

> **A-1** 给定一个正整数 n,把数 $1,2,\cdots,n$ 放入 k 个盒子中,而使每个盒子中各数之和相等的最大的 k 是什么?
>
> 例当 $n=8$ 时,$\{1,2,3,6\},\{4,8\},\{5,7\}$ 说明了最大的 k 至少是 3.

解 最大的 k 是 $[(n+1)/2]$.

在任一分布中,某个盒子必定包含 n,因而每个盒子中各数之和至少为 n,因而
$$kn \leqslant 1+2+\cdots+n = \frac{n(n+1)}{2}$$
$$k \leqslant \frac{n+1}{2}$$

因为 k 是一个整数,所以 $k \leqslant [(n+1)/2]$.

例子:当 n 是偶数时
$$\{1,n\},\{2,n-1\},\cdots,\{n/2,n/2+1\}$$
当 n 是奇数时
$$\{n\},\{1,n-1\},\{2,n-2\},\cdots,\{(n-1)/2,(n+1)/2\}$$
说明 $k=[(n+1)/2]$ 是可能的.

> **A-2** 求所有的可微函数 $f:\mathbf{R}\to\mathbf{R}$,使得对所有实数 x 和所有正整数 n 有
> $$f'(x)=\frac{f(x+n)-f(x)}{n}$$

解 我们注意到:对于所有实数 x 和所有正整数 n 有 $f(x+n)-f(x)=nf'(x)$. 因此,有
$$f'(x+1)=\frac{f(x+2)-f(x+1)}{1}=$$
$$(f(x+2)-f(x))-(f(x+1)-f(x))=$$
$$2f'(x)-f'(x)=f'(x)$$
但是 $f'(x+1)-f'(x)$ 是 $f(x+1)-f(x)=f'(x)$ 的导数,因而 $f''(x)$ 存在,并且对所有 x 都为 0. 积分两次就得到:对某些 $a,b \in \mathbf{R}$,有 $f(x)=ax+b$.

---

① 本文自开始至正文"问题"之前为译者根据原文编译.——译注

反之,容易验证:任何线性函数 $f(x) = ax + b$ 都满足问题中的条件.

> **A-3** 假设函数 $h: \mathbf{R}^2 \to \mathbf{R}$ 有连续偏导数,并对某两个常数 a, b 满足方程
> $$h(x, y) = a \frac{\partial h}{\partial x}(x, y) + b \frac{\partial h}{\partial y}(x, y)$$
> 证明:若存在一个常数 M,使得对所有 $(x, y) \in \mathbf{R}^2$,有 $|h(x, y)| \leqslant M$,则 $h(x, y)$ 恒为零.

证明 固定任一点 (x_0, y_0),并定义 $g(t) := h(x_0 + at, y_0 + bt)$. 由链规则得
$$g'(t) = a \frac{\partial h}{\partial x}(x_0 + at, y_0 + bt) + b \frac{\partial h}{\partial y}(x_0 + at, y_0 + bt) = h(x_0 + at, y_0 + bt) = g(t)$$
因而 $g(t) = g(0) e^t$. 又因为,对所有 (x, y) 有 $|h(x, y)| \leqslant M$,因而对所有 t 有 $|g(t)| \leqslant M$. 这样,$g(0) = 0$,因而 $h(x_0, y_0) = g(0) = 0$.

> **A-4** 证明:对于每个正整数 n,数 $10^{10^{10^n}} + 10^{10^n} + 10^n - 1$ 不是素数.

证明 令 N 是问题中的数,令 2^m 是整除 n 的 2 的最高幂,并令 $x = 10^{2^m}$,则 10^{10^n} 被 10^n 整除,后者被 2^n 整除,而 $2^n > 2^m$(因为 $2^n > n \geqslant 2^m$). 这样,(N 的表达式中的)前两个指数 10^{10^n} 和 10^n 是 2^m 的偶数倍,而第3个指数 n 是 2^m 的奇数倍. 因而,对某些非负整数 a, b, c,有 $N = x^{2a} + x^{2b} + x^{2c+1} - 1$. 我们有 $x \equiv -1 (\bmod (x + 1))$,因而
$$N \equiv (-1)^{2a} + (-1)^{2b} + (-1)^{2c+1} - 1 = 0 (\bmod (x + 1))$$
这样,N 被整数 $x + 1 = 10^{2^m} + 1 > 1$ 整除,但是因为它们在 $\bmod 10$ 下不同余,所以 $N \neq x + 1$. 因而 N 不是素数.

> **A-5** 令 G 是一个群,其群运算为"$*$". 假设
> (1) G 是 $\mathbf{R}^3$ 的一个子集(但"$*$"不必与向量的加法运算有关);
> (2) 对于每个 $a, b \in G$,有 $a \times b = a * b$ 或 $a \times b = \mathbf{0}$(或两者都成立),其中"$\times$"为 $\mathbf{R}^3$ 中通常的向量积.
> 证明:对所有 $a, b \in G$,有 $a \times b = \mathbf{0}$.

证明 假设 $a, b \in G$ 满足 $a \times b \neq \mathbf{0}$,则

$$a * b = a \times b = -(b \times a) = -(b * a)$$

特别,如果 a 和 b 在 G 中可交换,我们就必定有 $a \times b = 0$.

假设 $u, v \in G$ 满足 $u \times v \neq 0$,那么 $u \times (u \times v) \neq 0$. 因而,用 $u * v = u \times v$ 代替 v,我们不妨假设 u 和 v 是正交的非零向量. 因为 u, v 和 $u * v$ 都与 G 的恒等元 e 可交换,我们即有

$$u \times e = v \times e = (u \times v) \times e = 0$$

这蕴涵着 $e = 0$. 而 u^{-1} 与 u 可交换,因而 $u^{-1} \times u = 0$. 但是 $u^{-1} \neq 0$, 因而 u^{-1} 是 u 的非零实数倍. 比较下式两端向量的方向

$$v = u^{-1} * (u * v) = u^{-1} * (u \times v) = u^{-1} \times (u \times v)$$

说明了 $u^{-1} \neq u$, 因而 $u^2 \neq e = 0$. 但 u^2 与 u 可交换,故 u^2 是 u 的非零实数倍. 最后

$$u \times v = u * v = u^{-1} * (u^2 * v) = u^{-1} * (u^2 \times v) = u^{-1} \times (u^2 \times v) =$$
$$(v \times u^2) \times u^{-1} = (v \times u^2) * u^{-1} = (v * u^2) * u^{-1} =$$
$$v * u = v \times u = -(u \times v)$$

这与 $u \times v \neq 0$ 矛盾.

A—6 令 $f:[0, \infty) \to \mathbf{R}$ 是一个严格减的连续函数,使得 $\lim_{x \to \infty} f(x) = 0$. 证明: $\int_0^\infty \frac{f(x) - f(x+1)}{f(x)} \mathrm{d}x$ 发散.

证明 如果对于充分大的 x 有 $f(x+1) < f(x)/2$,那么被积函数最终一直在 $1/2$ 之上,因而积分发散. 否则,令 r 是一个大正数,使得 $f(r+1) \geq f(r)/2$. 那么如果 s 充分大,则有

$$\int_r^\infty \frac{f(x) - f(x+1)}{f(x)} \mathrm{d}x \geq \int_r^s \frac{f(x) - f(x+1)}{f(r)} \mathrm{d}x =$$
$$\int_r^{r+1} \frac{f(x)}{f(r)} \mathrm{d}x - \int_s^{s+1} \frac{f(x)}{f(r)} \mathrm{d}x \geq$$
$$\frac{f(r+1)}{f(r)} - \frac{f(s)}{f(r)} \geq \frac{1}{2} - \frac{1}{3} = \frac{1}{6}$$

这对任意大的 r 都成立. 但是如果原来的积分收敛,那么

$$\int_r^\infty \frac{f(x) - f(x+1)}{f(x)} \mathrm{d}x \to 0 \quad \text{当} \ r \to \infty \ \text{时}$$

因而原来的积分发散.

B—1 是否存在实数的无穷序列 $a_1, a_2, a_3, \cdots$,使得对每个正整数 m 有 $a_1^m + a_2^m + a_3^m + \cdots = m$ 成立?

解 如果存在这样的无穷序列 $a_1, a_2, a_3, \cdots$,那么

$$4 = \left(\sum_{n=1}^\infty a_n^2\right)^2 = \sum_{n=1}^\infty a_n^4 + 2\sum_{i<j} a_i^2 a_j^2 \geq \sum_{n=1}^\infty a_n^4 = 4$$

等号成立,因而除了一个 n 外,其余所有的 $a_n=0$. 对于那个 n,我们有 $a_n=\pm\sqrt{2}$. 但是现在对于 $m=1$,不满足题目的要求.

> **B-2** 在平面上给出有整数坐标的 3 个非共线的点 A,B 和 C,使得距离 AB,AC 和 BC 是整数. AB 的最小可能值是什么?

解 最小距离是 3.

具有顶点 $A=(0,0),B=(3,0),C=(0,4)$ 的 3-4-5 三角形说明 $AB=3$ 是可能的.

现在假设 $AB<3$. 不失一般性,假设 $A=(0,0)$. 因为 $x^2+y^2=1^2$ 和 $x^2+y^2=2^2$ 在正整数中都没有解,我们也不妨假设 $B=(k,0)$,k 为 1 或 2. 如果 $AB=1$,则其他两边之差小于 1,因而 $AC=BC$,所以点 C 的横坐标为 $1/2$,这与题目要求矛盾. 如果 $AB=2$,则其他两边之差小于 2,但是因为这两边的平方有相同的奇偶性,所以它们本身有相同的奇偶性,因而 $AC=BC$,所以对某个 $n>0$,不失一般性,有 $C=(1,n)$. 但是 $AC^2=n^2+1$ 严格地位于两个相邻的平方 n^2 和 $(n+1)^2$ 之间,这是矛盾的.

> **B-3** 有标记为 $B_1,B_2,\cdots,B_{2010}$ 的 2010 个盒子,有 $2010n$ 个球被放在这些盒子中,其中 n 是一个正整数. 你可以通过一系列移动把这些球重新分布,每次移动是选取一个 i,从第 B_i 个盒子中移动恰好 i 个球到任一别的盒子中. 不管这些球的初始分布如何,求 n 取何值时,可以使每个盒子中恰有 n 个球的分布?

解 $n\geqslant 1\,005$.

如果 $n<1\,005$,则

$$2\,010n\leqslant 2\,010\times 1\,004\leqslant \frac{2\,010\times 2\,009}{2}=1+2+\cdots+2\,009$$

因此我们可以如此地来分配这些球,使得盒子 B_i 至多包含 $i-1$ 个球. 这样就不允许有任何移动;在盒子 B_1 中球的数目是 0,而不是 n.

如果 $n\geqslant 1\,005$,下述算法就产生了所希望的分布:

1. 重复下述步骤,直到盒子 $B_2,\cdots,B_{2010}$ 中都没有球:

   (a) 移动盒子 B_1 中所有的球到别的不空的盒子中;

   (b) 令 $j\in\{2,\cdots,2\,010\}$ 是这样的指标:盒子 B_j 中至少有 j 个球;

   (c) 从盒子 B_j 中重复移动 j 个球到盒子 B_1 中,直到盒子 B_j 中

少于 j 个球;

(d) 从盒子 B_1 中移动球到盒子 B_j 中,直到盒子 B_j 中恰有 j 个球;

(e) 从盒子 B_j 中移动 j 个球到盒子 B_1 中,清空盒子 B_j.

2. 对每个 $k \in \{2, \cdots, 2010\}$,从盒子 B_1 中移动 n 个球到盒子 B_k 中.

解释:

步骤 1(b) 总是可能的,否则球的总数至多为

$$0 + 1 + 2 + \cdots + 2009 = \frac{2010 \times 2009}{2} < 2010 \times 1005 \leqslant 2010n$$

步骤 1 的每次重复把盒子 $B_2, \cdots, B_{2010}$ 中空盒数增加 1,因而最终我们就到了步骤 2.

步骤 2 是可能的,因为它是从所有的球都在盒子 B_1 中开始的.

B-4 求所有实系数多项式对 $p(x)$ 和 $q(x)$,使得
$$p(x)q(x+1) - p(x+1)q(x) = 1$$

解 所有的解有形式

$$p(x) = a + bx, q(x) = c + dx, \text{其中 } ad - bc = 1$$

容易验证这些都是解. 反之,给出一个解,我们可以用 $x-1$ 代替 x 而得到

$$p(x-1)q(x) - p(x)q(x-1) = 1$$

从原来的方程减去这个方程,得到

$$p(x)[q(x+1) + q(x-1)] = q(x)[p(x+1) + p(x-1)]$$

原来的方程说明 $p(x)$ 和 $q(x)$ 是互素的. 因而 $p(x)$ 整除 $p(x+1) + p(x-1)$. 如果 $p(x)$ 的首项是 $a_d x^d$,则 $p(x+1) + p(x-1)$ 的首项是 $2a_d x^d$. 由此即得 $p(x+1) + p(x-1) = 2p(x)$,因此 $p(x+1) - p(x) = p(x) - p(x-1)$. 周期为 1 的多项式是常数,因而对于某个 b 有 $p(x+1) - p(x) = b$,因而对于某两个 a, b 有 $p(x) = a + bx$. 类似地,对于某两个 c, d 有 $q(x) = c + dx$. 此时

$$p(x)q(x+1) - p(x+1)q(x) = ad - bc$$

这就证明了断言.

B-5 是否存在严格增函数 $f: \mathbf{R} \to \mathbf{R}$,使得对所有 $x \in \mathbf{R}$,有
$$f'(x) = f(f(x))$$

解 不存在这样的函数. 假设 f 是一个这样的函数. 那么

$f' \geqslant 0$,因而 $f''(x) = f'(f(x))f'(x) \geqslant 0$,因而 f' 是非减的,而 f'' 的这个公式说明 f'' 也是非减的. 如果对于所有 x 有 $f''(x) = 0$,那么对于某两个常数 a 和 b 有 $f(x) = ax + b$,此时 $f'(x) = f(f(x))$ 蕴涵着 $a = b = 0$,这与 f 是严格增大的假设矛盾. 否则,譬如说 $f''(r) = s > 0$,则对所有 $x \geqslant r$ 有 $f''(x) \geqslant s$,因而 $f'(x)$ 无界地增长. 由此即得,存在某个实数 a,使得 $f(a) > a + 1 > 0$. 我们现在在区间 $[a, a+1]$ 上对 f 应用中值定理推得,存在某个 $c \in (a, a+1)$,使得
$$f(a+1) > f(a+1) - f(a) = f'(c) =$$
$$f(f(c)) > f(f(a)) > f(a+1)$$
这是一个矛盾.

> **B−6** 对于某个 $n \geqslant 1$,令 $\boldsymbol{A}$ 是一个 $n \times n$ 阶实数矩阵. 对于每个正整数 k,令 $\boldsymbol{A}^{[k]}$ 是把 $\boldsymbol{A}$ 的每个元素自乘为其 k 次幂后得到的矩阵. 证明:如果对 $k = 1, 2, \cdots, n+1$ 有 $\boldsymbol{A}^k = \boldsymbol{A}^{[k]}$,则对于所有 $k \geqslant 1$ 有 $\boldsymbol{A}^k = \boldsymbol{A}^{[k]}$.

证明 令 V 是 $n \times n$ 阶矩阵 $\boldsymbol{X}$ 的集合,使得 $\boldsymbol{AX}$ 等于以相同位置元素间相乘的方式得到的矩阵 $\boldsymbol{A} \cdot \boldsymbol{X}$. 因为 $\boldsymbol{AX} = \boldsymbol{A} \cdot \boldsymbol{X}$ 即为 $\boldsymbol{X}$ 的元素的一个线性方程组,所以集合 V 是一个子空间. 题中假设蕴涵着 $\boldsymbol{A}, \boldsymbol{A}^2, \cdots, \boldsymbol{A}^n \in V$. 令 $f(x)$ 是 $\boldsymbol{A}$ 的特征多项式. 凯莱−哈密顿(Cayley − Hamilton)定理说 $f(\boldsymbol{A}) = 0$. 用 $\boldsymbol{A}$ 的幂相乘,使我们递归地把 $\boldsymbol{A}^{n+1}, \boldsymbol{A}^{n+2}, \cdots$ 表示为 $\boldsymbol{A}, \boldsymbol{A}^2, \cdots, \boldsymbol{A}^n$ 的线性组合,因而对所有 $k \geqslant 1$ 有 $\boldsymbol{A}^k \in V$. 由归纳法得,对所有 $k \geqslant 1$ 有 $\boldsymbol{A}^k = \boldsymbol{A}^{[k]}$.

第72届美国大学生数学竞赛

2011年12月3日举行了第72届William Lowell Putnam数学竞赛.竞赛由William Lowell Putnam奖励基金会资助.该基金会是由Putnam夫人为纪念其丈夫而出资设立的.每年一次的竞赛由美国数学协会(the Mathematical Association of America)主办.按照竞赛规则,结果如下.

一等奖25 000美元奖给哈佛(Harvard)大学数学系,3名队员每人获1 000美元奖金.二等奖20 000美元奖给卡内基梅隆(Carnegie Mellon)大学数学系,3名队员每人获800美元奖金.三等奖15 000美元奖给加州理工学院(California Institute of Technology)数学系,3名队员每人获600美元奖金.四等奖10 000美元奖给斯坦福(Stanford)大学数学系,3名队员每人获400美元奖金.五等奖5 000美元奖给麻省理工学院(MIT)数学系,3名队员每人获200美元奖金.

(按校名的英文序)哈维马德(Harvey Mudd)学院,不列颠哥伦比亚(British Columbia)大学,位于Ann Arbor的密歇根(Michigan)大学,弗吉尼亚(Virginia)大学,威廉姆斯(Williams)学院的代表队获荣誉提名奖.

个人成绩前5名(其中加州理工学院2名,哈佛大学1名,斯坦福大学1名,耶鲁大学1名)每人获2 500美元奖金,并成为Putnam会员(Putnam Fellow).个人成绩第6~14名每人获1 000美元奖金.个人成绩第15~23名每人获250美元奖金.第24名(含)之后的58位个人获荣誉提名奖.并表扬了其他的27名个人(即得分在前108位的个人选手获得了奖金或表扬——译注).

以William Lowell Putnam的妻子名字命名的Elizabeth Lowell Putnam奖是奖给"在竞赛中表现特别值得称赞的一位女性"的,奖金1 000美元,本届该奖的得主是弗吉尼亚大学的学生.

来自加拿大和美国的572个学院和大学的4 440名学生参加了这次竞赛.有460个院校组队参赛.命题委员会由不列颠哥伦比亚大学的Izabella Laba(主席),得克萨斯基督教(Texas Christian)大学的George T. Gilbert和德国马克斯·普朗克数学研究所(Max Planck − Institut für Mathematik的Djordje Milicevic组成.他们出了题,而且提供了众多解答中最优秀的解

答.与本文不同的解答已在 Mathematics Magazine,2012(85),71-78 中刊出.①

A－1 在平面中定义一个增长螺线,使之成为具有整数坐标的点的一个序列 $P_0=(0,0),P_1,P_2,\cdots$,使得 $n\geqslant 2$(图 1),并且

(1) 诸有向线段 $P_0P_1,P_1P_2,\cdots,P_{n-1}P_n$ 位于相继东(P_0P_1),北,西,南,东,等等的坐标方向.

这些线段的长度是正的,并是严格增的.

(2) 多少个具有整数坐标 $0\leqslant x\leqslant 2\,011,0\leqslant y\leqslant 2\,011$ 的点 (x,y) 不能成为任意增长螺线的最后一点 P_n?

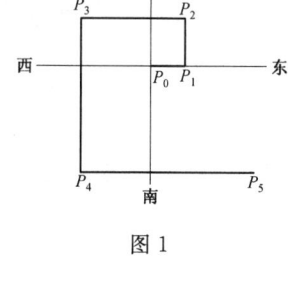

图 1

解 有 10 053 个这样的点.

因为诸线段的长度是严格增的,并且对于只有点 $P_2,P_6,P_{10},\cdots$ 在第一象限中的任意增长螺线,线段 $P_{k+1}P_{k+2}$ 总是与 $P_{k-1}P_k$ 有相反的方向.此外,正如容易看到的那样,对于 $k=2,6,10,\cdots$,从 P_k 到 P_{k+4} 每个坐标至少增加 2,也可以任意大地选取坐标的增长.这样,作为螺线的终点,在第一象限中我们可以得到满足 $0<m<n$,形为 (m,n) 的所有点(这些就是 P_2 可能取的形式),通过在这样的点的每个坐标上至少增加 2,我们也能得到所有的点.这意味着,因为我们可以得到(1,2),我们就能得到(3,4) 以及在(3,4)之北或东的所有点.我们不能在第一象限中得到的点是满足 $m\geqslant 1$ 的所有点 $(m,1)$,满足 $m\geqslant 2$ 的所有点 $(m,2)$,以及满足 $m\geqslant 3$ 的所有点 $(m,3)$.在我们的正方形区域中有 $2\,011+2\,010+2\,009=6\,030$ 个这样的格点.此外,在 x 轴上我们不能得到点 $(0,0),\cdots,(2\,011,0)$,在 y 轴上我们不能得到点 $(0,1),\cdots,(0,2\,011)$,因而又有 $2\,012+2\,011=4\,023$ 个点我们不能得到,总计共有 $6\,030+4\,023=10\,053$ 个点不能作为增长螺线的最后一个点.

A－2 令 $a_1,a_2,\cdots$ 和 $b_1,b_2,\cdots$ 是两个正实数序列,使得 $a_1=b_1=1$,并对 $n=2,3,\cdots$ 有 $b_n=b_{n-1}a_n-2$.假设序列 b_j 有界.证明

$$S=\sum_{n=1}^{\infty}\frac{1}{a_1\cdots a_n}$$

收敛,并求值 S.

证明 对于 $n=2,3,\cdots$ 我们有

---

① 本文自开始至正文"问题"之前为译者根据原文编译.——译注

$$\frac{1}{a_1 \cdots a_n} = \frac{b_{n-1}a_n - b_n}{2a_1 \cdots a_n} = \frac{1}{2}\left(\frac{b_{n-1}}{a_1 \cdots a_{n-1}} - \frac{b_n}{a_1 \cdots a_n}\right)$$

因而

$$\sum_{n=2}^{k} \frac{1}{a_1 \cdots a_n} = \frac{1}{2}\sum_{n=2}^{k}\left(\frac{b_{n-1}}{a_1 \cdots a_{n-1}} - \frac{b_n}{a_1 \cdots a_n}\right) = \frac{1}{2}\left(\frac{b_1}{a_1} - \frac{b_k}{a_1 \cdots a_k}\right)$$

我们断言

$$\frac{b_k}{a_1 \cdots a_k} \to 0 \quad \text{当 } k \to \infty \text{ 时}$$

事实上,对于 $n \geqslant 2$ 利用 $a_n = (b_n + 2)/b_{n-1}$ 和 $a_1 = b_1 = 1$,我们有

$$\frac{b_k}{a_1 \cdots a_k} = \frac{b_1 \cdots b_{k-1} b_k}{(b_2+2)\cdots(b_k+2)} = \prod_{n=2}^{k} \frac{b_n}{b_n+2}$$

因为我们假设了对于某个 M,有 $0 \leqslant b_n \leqslant M$,所以最后一个乘积是正的,并且被 $(M/(M+2))^{k-1}$ 所界,这说明了当 $k \to \infty$ 时它趋于零. 由此即得 S 收敛,并且

$$S = \sum_{n=1}^{\infty} \frac{1}{a_1 \cdots a_n} = \frac{1}{a_1} + \frac{1}{2} \times \frac{b_1}{a_1} = \frac{3}{2}$$

A－3 求一个实数 c 和一个正数 L,使得

$$\lim_{r \to \infty} \frac{r^c \int_0^{\pi/2} x^r \sin x \mathrm{d}x}{\int_0^{\pi/2} x^r \cos x \mathrm{d}x} = L$$

解 当且仅当 $c = -1$ 和 $L = 2/\pi$ 时题中陈述为真.

因为在区间 $[0, \frac{\pi}{2}]$ 上 $\frac{2}{\pi}x \leqslant \sin x \leqslant 1$,所以我们有

$$\int_0^{\pi/2} \frac{2}{\pi}x \cdot x^r \mathrm{d}x < \int_0^{\pi/2} x^r \sin x \mathrm{d}x < \int_0^{\pi/2} x^r \mathrm{d}x$$

由此得

$$\frac{1}{r+2}\left(\frac{\pi}{2}\right)^{r+1} < \int_0^{\pi/2} x^r \sin x \mathrm{d}x < \frac{1}{r+1}\left(\frac{\pi}{2}\right)^{r+1}$$

因而在 $r \to \infty$ 时下式两端的比值在趋近于 1 的意义下有

$$\int_0^{\pi/2} x^r \sin x \mathrm{d}x \sim \frac{1}{r}\left(\frac{\pi}{2}\right)^{r+1}$$

分部积分给出

$$\int_0^{\pi/2} x^r \cos x \mathrm{d}x = \frac{1}{r+1}\int_0^{\pi/2} x^{r+1} \sin x \mathrm{d}x$$

因此

$$\int_0^{\pi/2} x^r \cos x \mathrm{d}x \sim \frac{1}{r^2}\left(\frac{\pi}{2}\right)^{r+2}$$

由此即得结论.

A-4 对于哪些正整数 n，存在一个具有整数元的 $n\times n$ 矩阵，使得每一行与其自身的点积是偶数，而任两个不同行的点积是奇数？

解 当且仅当 n 是奇数时有这样的矩阵.

为了知道其原因，令 B 是对角线元素都为 0，而其他元素都为 1 的 $n\times n$ 矩阵.

若 n 是奇数，则 B 本身就是具有所希望性质的矩阵.

若 n 是偶数，假设 A 是一个具有所希望性质的矩阵. 那么 A 的每一行有偶数个奇元素，因而向量 $A[1,1,\cdots,1]^{\mathrm{T}}$ 只有偶元素. 由此即得，如果我们把 A 看作在只有两个元素的域上的矩阵，则 A 是奇异的；这样，$\det A$ 是偶数. 另外，A 与其转置 A^{T} 的乘积 AA^{T} 模 2 等于矩阵 B. 然而注意，$B+I$（I 是单位矩阵）的秩为 1（它的所有的行相等并非零），因而 -1 是 B 的重数为 $n-1$ 的本征值. 此外，$[1,1,\cdots,1]^{\mathrm{T}}$ 是 B 的相应于本征值 $n-1$ 的本征向量. 把 B 的所有本征值相乘，得到 $\det B=(-1)^{n-1}\cdot(n-1)$，因而 $\det B$ 是奇数，并且因为

$$\det B\equiv\det(AA^{\mathrm{T}})(\bmod 2)=(\det A)^2$$

$\det A$ 必须是奇数，这是一个矛盾.

A-5 令 $F:\mathbf{R}^2\to\mathbf{R}$ 和 $g:\mathbf{R}\to\mathbf{R}$ 是两个二次连续可微函数，它们有下述性质：

对于每个 $u\in\mathbf{R}$ 有 $F(u,u)=0$；

对于每个 $x\in\mathbf{R}$ 有 $g(x)>0$ 和 $x^2g(x)\leqslant 1$；

对于每个 $(u,v)\in\mathbf{R}^2$，向量 $\nabla F(u,v)$ 或者是 $\mathbf{0}$，或者平行于向量 $\langle g(u),-g(v)\rangle$.

证明：存在一个常数 C，使得对每个 $n\geqslant 2$ 和任意 $x_1,\cdots,x_{n+1}\in\mathbf{R}$，我们有

$$\min_{i\neq j}|F(x_i,x_j)|\leqslant\frac{C}{n}.$$

证明 因为 $x^2g(x)\leqslant 1$，我们即有反常积分 $\int_{-\infty}^{+\infty}g(x)\mathrm{d}x$ 收敛. 令 $\Delta=\int_{-\infty}^{+\infty}g(x)\mathrm{d}x$.

对于 $u,v\in\mathbf{R}$，定义 $\Phi(u,v)=\int_v^u g(x)\mathrm{d}x$. 对于所有的 u,v，有 $\nabla\Phi(u,v)=\langle g(u),-g(v)\rangle$. 由于 Φ 的梯度与 F 平行，所以在 Φ 的每条等值曲线上 F 是常数. 由此即得，对某个满足 $f(0)=0$ 的连续可微函数 $f:(-\Delta,\Delta)\to\mathbf{R}$，有

$$F(u,v) = f(\Phi(u,v))$$

我们注意

$$\Delta' = \max_{t \in [0, \Delta/2]} \left| \frac{f(t)}{t} \right|$$

是有限的(这里,当 $t=0$ 时表达式 $\frac{f(t)}{t}$ 被解释为 $f'(0)$). 现在,任给 $n+1$ 个数 $x_1, \cdots, x_{n+1}$,把它们重新编号,使得 $x_1 \leqslant x_2 \leqslant \cdots \leqslant x_{n+1}$. 那么

$$\Phi(x_2, x_1) + \Phi(x_3, x_2) + \cdots + \Phi(x_{n+1}, x_n) = \int_{x_1}^{x_{n+1}} g(x) \mathrm{d}x < \Delta$$

因而存在某个 $i, 1 \leqslant i \leqslant n$,使得 $\Phi(x_{i+1}, x_i) < \Delta/n$.

此时

$$|F(x_{i+1}, x_i)| = |f(\Phi(x_{i+1}, x_i))| \leqslant \max_{t \in [0, \Delta/n]} |f(t)| \leqslant$$

$$\frac{\Delta}{n} \max_{t \in [0, \Delta/n]} \left| \frac{f(t)}{t} \right| \leqslant \frac{\Delta \Delta'}{n}$$

因而,我们不妨取 $C = \Delta \Delta'$.

A-6 令 G 是一个有 n 个元素的阿贝尔(Abel)群,并令

$$\{g_1 = e, g_2, \cdots, g_k\} \subsetneq G$$

是 G 的不同生成元的一个(不必最小的)集合. 用以等概率地选取诸元素 $g_1, g_2, \cdots, g_k$ 之一的一个特殊的骰子被掷 m 次,并把所选择的 m 个元素相乘,以产生一个元素 $g \in G$.

证明:存在一个实数 $b \in (0,1)$,使得①

$$\lim_{m \to \infty} \frac{1}{b^{2m}} \sum_{x \in G} \left(\mathrm{Prob}(g=x) - \frac{1}{n} \right)^2$$

是正的和有限的.

证明 考虑由群元素 x 加标点概率向量 $\boldsymbol{p} = [\mathrm{Prob}(g = x)]^{\mathrm{T}}$. 用一个特别的群元素相乘的作用就像在 $\boldsymbol{p}$ 上的一个置换矩阵. 因为置换矩阵是正交的,因此它可被一个酉矩阵对角化,并且其本征值皆为绝对值为 1 的复数.

骰子的滚动由一个二重随机矩阵(即其所有元素非负,且所有行和列的和都是 1 的矩阵)$\boldsymbol{P}$ 所表示,$\boldsymbol{P}$ 是 k 个这样的置换矩阵的平均,因为 G 是交换群,各置换矩阵相互间可交换,因而它们被一个酉矩阵同时对角化. 即它们在 $\mathbf{C}^n$ 中有一个公共的本征向量基,此基也是 $\boldsymbol{P}$ 的本征向量. $\boldsymbol{P}$ 的每个本征值是 k 个绝对值为 1 的复数的平均值,本征值中有一个(相应于 $g_1 = e$)等于 1. 由此即得,$\boldsymbol{P}$ 的所有本征值中,除了 1 以外,其余的绝对值都(严格)小于 1. 并

---

① 下式中 $\mathrm{Prob}(g = x)$ 是事件 $\{g = x\}$ 的概率. ——译注

且，$\boldsymbol{P}$ 的相应于 $\lambda = 1$ 的任意本征函数也是所有 k 个置换矩阵相应于 $\lambda = 1$ 的本征函数；因为 $\{g_1, g_2, \cdots, g_k\}$ 生成 G，我们即知相应于本征值 1 的本征空间由概率向量 $[1/n, \ldots, 1/n]^T$ 所张成. 这样，由正交性，相应于其他本征值的本征向量的元素之和为 0.

因为 $[1, 0, \cdots, 0]^T$ 的元素之和为 1，这个向量就可如下地写成本征向量的线性组合

$$[1, 0, \cdots, 0]^T = [1/n, \cdots, 1/n]^T + v_2 + \cdots + v_j$$

令 $\boldsymbol{P} v_i = \lambda_i v_i$. 因为生成集合并非 G 的全部，所以诸 λ_i 不能全为零，因而 $\boldsymbol{P}[1, 0, \cdots, 0]^T \neq [1/n, \cdots, 1/n]^T$. 我们有

$$\boldsymbol{P}^m [1, 0, \cdots, 0]^T = [1/n, \cdots, 1/n]^T + \lambda_2^m v_2 + \cdots + \lambda_j^m v_j$$

并且 $\boldsymbol{P}^m [1, 0, \cdots, 0]^T$ 的诸分量是各个不同的概率 $\operatorname{Prob}(g = x)$. 因而，由毕达哥拉斯(Pythagoras)定理

$$\sum_{x \in G} \left(\operatorname{Prob}(g = x) - \frac{1}{n} \right)^2 = \| \boldsymbol{P}^m [1, 0, \cdots, 0]^T - [\frac{1}{n}, \cdots, \frac{1}{n}]^T \|^2 =$$
$$\| \lambda_2 \|^{2m} \| v_2 \|^2 + \cdots + | \lambda_j |^{2m} \| v_j \|^2$$

这就证明了题中的陈述对于 $b = \max\{|\lambda_i|\}$ 成立(其中的极限将是相应的本征向量长度的平方和).

B-1 令 h 和 k 是两个正整数. 证明：对于每个 $\varepsilon > 0$，存在正整数 m 和 n，使得

$$\varepsilon < | h\sqrt{m} - k\sqrt{n} | < 2\varepsilon$$

证明 首先注意

$$0 < \sqrt{n+1} - \sqrt{n} = \frac{(n+1) - n}{\sqrt{n+1} + \sqrt{n}} < \frac{1}{2\sqrt{n}}$$

并且当 $n \to \infty$ 时，$\frac{1}{2\sqrt{n}} \to 0$. 这样，我们可以选取足够大的 N，使得对于 $t \geqslant N$ 有

$$k(\sqrt{t+1} - \sqrt{t}) < \varepsilon$$

然后再选取足够大的 n，使得 $l\sqrt{n} > k\sqrt{n}$. 因为当 $t \to \infty$ 时，$k\sqrt{t} \to \infty$，所以存在 $m > N$，使得 $k\sqrt{m-1} \leqslant l\sqrt{n} + \varepsilon \leqslant k\sqrt{m}$. 那么 m 和 n 就满足所希望的不等式.

B-2 令 S 是有序素数三数组 (p, q, r) 的一个集合，S 的元素有性质：存在有理数 x，满足 $px^2 + qx + r = 0$. 哪些素数在 S 的 7 个或更多个元素中出现？

解 出现在 S 的 7 个或更多个元素中的素数是 2 和 5.

为了证明这个结论,我们注意,$px^2+qx+r=0$ 的根是有理的,当且仅当其判别式 q^2-4pr 是一个完全平方数,例如为 n^2. 对于素数 p,q,r,只有当 q 为奇数时这才会发生,因为 $4pr \geqslant 16$. 因而 q^2-4pr 必定为奇数,并且因为奇完全平方数是 $1 \pmod 8$,由此即得 $4pr \equiv 0 \pmod 8$,因而 p,r 中至少有一个为 2. 而 $q^2-4pr=n^2$ 导致 $(q-n)(q+n)=4pr$. 如果 $r=2$,那么因为 $q-n$ 和 $q+n$ 有相同的奇偶性,则我们必定有 $q-n=2, q+n=4p$,或者 $q-n=4, q+n=2p$,这就导致 $q=2p+1$ 或 $q=p+2$. 类似地,如果 $p=2$,则 $q=2r+1$ 或 $q=r+2$. 因而,一个奇素数 s 出现在 S 的一个元素中,只能是一对孪生素数中的一个或一对热尔曼(Germain)素数(s, $2s+1$ 都为素数,或者 $s, (s-1)/2$ 都为素数)中的一个. 具体来说,包含 s 的所有可能的三数组是

$$(s,s+2,2),(s-2,s,2),(s,2s+1,2),\left(\frac{s-1}{2},s,2\right)$$

$$(2,s+2,s),(2,s,s-2),(2,2s+1,s),\left(2,s,\frac{s-1}{2}\right)$$

为了使这些三数组中至少有 7 个出现在 S 中,与 s 一起,所有 4 个数 $s+2, s-2, 2s+1, (s-1)/2$ 必定都为素数. 但是 $s-2, 2s+1$ 和 s 这 3 个数之一被 3 整除,因此唯一可能的奇素数是 5,它确实出现在下列 7 个三数组中

$$(5,7,2),(3,5,2),(5,11,2),(2,5,2),(2,7,5),(2,5,3),(2,11,5)$$

此外,2 也出现在所有这些三数组中,因此我们证明了结论.

B-3 令 f 和 g 是定义在包含 0 的一个开区间中的(实值)函数,其中 g 非零并在 0 处连续. 如果 fg 和 f/g 在 0 处可微,f 在 0 处必定可微吗?

解 是的,f 在 0 处必定可微.
我们有:存在实数 r 和 s,使得

$$\lim_{x \to 0}\frac{f(x)g(x)-f(0)g(0)}{x}=r, \lim_{x \to 0}\frac{f(x)/g(x)-f(0)/g(0)}{x}=s$$

由连续性,第 2 个极限蕴含着

$$\lim_{x \to 0}\frac{f(x)g(0)-f(0)g(x)}{x}=s[g(0)]^2$$

将此式加到第 1 个极限中得到

$$\lim_{x \to 0}(g(x)+g(0))\frac{f(x)-f(0)}{x}=r+s[g(0)]^2$$

因为 $\lim_{x \to 0}(g(x)+g(0))=2g(0) \neq 0$,我们即有

$$\lim_{x \to 0}\frac{f(x)-f(0)}{x}=\frac{r}{2g(0)}+\frac{sg(0)}{2}$$

因而 f 在 0 处可微.

注 此试题启发我们提出如下问题:若将题中的 $f(x)g(x)$ 与 $f(x)/g(x)$ 在 $x=0$ 处可微改为 $f(x)g(x)$ 与 $f(x)+g(x)$(或 $f(x)-g(x)$)在 $x=0$ 处可微,或 $f(x)/g(x)$ 与 $f(x)+g(x)$(或 $f(x)-g(x)$)在 $x=0$ 处可微,则问题结论是否仍然成立?下面我们将以命题的形式给出相关结论.

命题 1 设实函数 $f(x),g(x)$ 在包含 $x=0$ 的开区间内有定义. 若 $f(x)g(x)$ 与 $f(x)+g(x)$(或 $f(x)-g(x)$)在 $x=0$ 处可导,$g(x)$ 在 $x=0$ 处连续且 $g(0)\neq f(0)$(或 $f(0)+g(0)\neq 0$),则 $f(x)$ 在 $x=0$ 处可导.

证明 因为 $f(x)g(x)$ 与 $f(x)+g(x)$ 在 $x=0$ 处可导,由导数定义,可设

$$\lim_{x\to 0}\frac{f(x)g(x)-f(0)g(0)}{x}=\lambda \qquad (1)$$

$$\lim_{x\to 0}\frac{f(x)+g(x)-[f(0)+g(0)]}{x}=\mu \qquad (2)$$

由于

$$[g(x)-f(0)]\frac{f(x)-f(0)}{x}=\frac{f(x)g(x)-f(0)g(0)}{x}-$$
$$f(0)\frac{f(x)+g(x)-[f(0)+g(0)]}{x}$$

又 $g(x)$ 在 $x=0$ 处连续且 $g(0)\neq f(0)$,故由上式及式(1),(2)知

$$\lim_{x\to 0}\frac{f(x)-f(0)}{x}=\frac{\lambda-\mu f(0)}{g(0)-f(0)}$$

从而 $f(x)$ 在 $x=0$ 处可导.

用 $-g(x)$ 代替 $g(x)$ 即可证得条件 $f(x)g(x)$ 与 $f(x)-g(x)$ 在 $x=0$ 处可导的情形.

命题 2 设函数 $f(x),g(x)$ 在包含 $x=0$ 的开区间内有定义,$g(x)\neq 0$. 若 $f(x)/g(x),f(x)+g(x)$(或 $f(x)-g(x)$)在 $x=0$ 处可导,$g(x)$ 在 $x=0$ 处连续且 $g(0)+f(0)\neq 0$(或 $f(0)\neq g(0)$),则 $f(x)$ 在 $x=0$ 处可导.

证明 因为 $f(x)/g(x)$ 与 $f(x)+g(x)$ 在 $x=0$ 处可导,由导数定义,可设

$$\lim_{x\to 0}\frac{f(x)/g(x)-f(0)/g(0)}{x}=l \qquad (3)$$

$$\lim_{x\to 0}\frac{f(x)+g(x)-[f(0)+g(0)]}{x}=m \qquad (4)$$

由于

$$\frac{g(0)+f(0)}{g(0)g(x)}\cdot\frac{f(x)-f(0)}{x}=\frac{f(x)/g(x)-f(0)/g(0)}{x}+$$

$$\frac{f(0)}{g(0)g(x)} \cdot \frac{f(x)+g(x)-[f(0)+g(0)]}{x}$$

又 $g(x)$ 在 $x=0$ 处连续且 $g(0)+f(0) \neq 0$，故由上式及式(3)，(4) 知

$$\lim_{x \to 0} \frac{f(x)-f(0)}{x} = \frac{[g(0)]^2 l + f(0)m}{g(0)+f(0)}$$

从而 $f(x)$ 在 $x=0$ 处可导.

用 $-g(x)$ 代替 $g(x)$ 即可证得条件为 $f(x)/g(x)$ 与 $f(x)-g(x)$ 在 $x=0$ 处的可导的情形.

B−4 在一次锦标赛中，2 011 个参赛者相遇 2 011 次进行多人比赛（即假定自己与自己亦有比赛 —— 译注）. 每次比赛 2 011 个参赛者一起参加，当每个参赛者或赢或输时比赛结束. 参赛者的排名被置于两个 $2\,011 \times 2\,011$ 矩阵 $\boldsymbol{T}=(T_{hk})$ 和 $\boldsymbol{W}=(W_{hk})$ 中. 在开始时 $\boldsymbol{T}=\boldsymbol{W}=\boldsymbol{0}$. 在每次比赛后，对于每个 (h,k)，如果参赛者 h 和 k 得分相同（即他们都赢或都输），那么 T_{hk} 增加 1，而当参赛者 h 赢而 k 输，则 W_{hk} 增加 1，而 W_{kh} 减少 1.

证明：在锦标赛结束时，$\det(\boldsymbol{T}+\mathrm{i}\boldsymbol{W})$ 是一个被 $2^{2\,010}$ 整除的非负整数.

证明 考虑由下式定义的 $2\,011 \times 2\,011$ 矩阵 $\boldsymbol{S}$

$$S_{hm} = \begin{cases} 1, & \text{若参赛者 } h \text{ 赢了第 } m \text{ 次比赛} \\ -\mathrm{i}, & \text{若参赛者 } h \text{ 输了第 } m \text{ 次比赛} \end{cases}$$

令 $1 \leqslant h, k \leqslant 2\,011$. 令 $n_{hk}^{++}, n_{hk}^{+-}, n_{hk}^{-+}, n_{hk}^{--}$ 分别表示参赛者 h 和 k 皆赢，h 赢而 k 输，h 输而 k 赢和 h, k 皆输的比赛数. 那么

$$(\boldsymbol{T}+\mathrm{i}\boldsymbol{W})_{hk} = n_{hk}^{++} + n_{hk}^{+-}\mathrm{i} - n_{hk}^{-+}\mathrm{i} + n_{hk}^{--} = (\boldsymbol{S}\overline{\boldsymbol{S}}^{\mathrm{T}})_{hk}$$

这就证明了 $\boldsymbol{T}+\mathrm{i}\boldsymbol{W} = \boldsymbol{S}\overline{\boldsymbol{S}}^{\mathrm{T}}$，因而

$$\det(\boldsymbol{T}+\mathrm{i}\boldsymbol{W}) = |\det \boldsymbol{S}|^2$$

令 $\boldsymbol{S}'$ 是从 $\boldsymbol{S}$ 的第 h 行（对于 $2 \leqslant h \leqslant 2\,011$）减去第 1 行乘以 S_{h1}/S_{11} 而得到的矩阵，因而

$$\boldsymbol{S}' = \begin{pmatrix} S_{11} & * \\ 0 & \boldsymbol{S}'' \end{pmatrix}$$

并且 $\det \boldsymbol{S} = \det \boldsymbol{S}'$. $\boldsymbol{S}''$ 的所有元素具有 $0, \pm 1 \pm \mathrm{i}, \pm 2$ 或 $\pm 2\mathrm{i}$ 这样的形式，因而对于某个其所有元素为 $0, \pm 1, \pm \mathrm{i}$ 或 $\pm 1 \pm \mathrm{i}$ 的矩阵 $\boldsymbol{S}'''$，有 $\boldsymbol{S}'' = (1+\mathrm{i})\boldsymbol{S}'''$. 所以

$$\det \boldsymbol{S} = \det \boldsymbol{S}' = S_{11} \det \boldsymbol{S}'' = (1+\mathrm{i})^{2\,010} S_{11} \det \boldsymbol{S}'''$$

因而对于某些整数 a 和 b 有

$$|\det \boldsymbol{S}|^2 = 2^{2\,010} |\det \boldsymbol{S}'''|^2 = 2^{2\,010}(a^2+b^2)$$

这就完成了证明.

> **B－5** 令 $a_1, a_2, \cdots$ 是实数. 假设存在一个常数 A, 使得对所有 n, 有
> $$\int_{-\infty}^{+\infty} \left(\sum_{i=1}^{n} \frac{1}{1+(x-a_i)^2} \right)^2 \mathrm{d}x \leqslant An$$
> 证明: 存在一个常数 $B > 0$, 使得对所有 n, 有
> $$\sum_{i,j=1}^{n} (1+(a_i-a_j)^2) \geqslant Bn^3$$

证明 我们有
$$\int_{-\infty}^{+\infty} \left(\sum_{i=1}^{n} \frac{1}{1+(x-a_i)^2} \right)^2 \mathrm{d}x = \int_{-\infty}^{+\infty} \sum_{i,j=1}^{n} \frac{1}{1+(x-a_i)^2} \cdot$$
$$\frac{1}{1+(x-a_j)^2} \mathrm{d}x \leqslant An$$

首先我们断言
$$\int_{-\infty}^{+\infty} \frac{1}{1+(x-a_i)^2} \cdot \frac{1}{1+(x-a_j)^2} \mathrm{d}x \geqslant \frac{\sqrt{2}}{3} \cdot \frac{1}{1+(a_i-a_j)^2} \tag{1}$$

由平移不变性, 只需对 $a_i = 0, a_j = a \geqslant 0$ 的情形证明即可. 对于 $|x| \leqslant 1/\sqrt{2}$, 我们有
$$\frac{1}{1+x^2} \geqslant \frac{2}{3} \text{ 和 } (x-a)^2 \leqslant \left(\frac{1}{\sqrt{2}} + a\right)^2 \leqslant 1 + 2a^2$$
以致
$$\frac{1}{1+(x-a)^2} \geqslant \frac{1}{2+2a^2}$$

因而
$$\int_{-\infty}^{+\infty} \frac{1}{1+x^2} \cdot \frac{1}{1+(x-a)^2} \mathrm{d}x \geqslant \int_{-1/\sqrt{2}}^{1/\sqrt{2}} \frac{1}{1+x^2} \cdot \frac{1}{1+(x-a)^2} \mathrm{d}x \geqslant$$
$$\frac{2}{\sqrt{2}} \times \frac{2}{3} \times \frac{1}{2+2a^2}$$

这就证明了式 (1).

从我们的假设和式 (1) 得
$$\sum_{i,j=1}^{n} \frac{1}{1+(a_i-a_j)^2} \leqslant \frac{3A}{\sqrt{2}} n$$

因而, 对任意 $\lambda > 0$, 适合
$$\frac{1}{1+(a_i-a_j)^2} \geqslant \frac{1}{\lambda}$$
的有序对 (i,j) 的数目 m_λ 满足
$$\frac{m_\lambda}{\lambda} \leqslant \frac{3A}{\sqrt{2}} n$$

因而
$$m_\lambda \leq \frac{3A}{\sqrt{2}} n\lambda$$

特别,如果我们取 $\lambda = n/(3A\sqrt{2})$,那么 $m_\lambda \leq n^2/2$. 对于所有余下的对 (i,j),我们有 $1 + (a_i - a_j)^2 \geq n/(3A/\sqrt{2})$,并且这样的对的数目至少是 $n^2/2$. 只是对这样的对求和,我们看到

$$\sum_{i,j=1}^{n}(1 + (a_i - a_j)^2) \geq \frac{n}{3A\sqrt{2}} \cdot \frac{n^2}{2} = \frac{n^3}{6A\sqrt{2}}$$

这就证明了结论.

B-6 令 p 是一个奇素数. 证明: 对于 $\{0, 1, 2, \cdots, p-1\}$ 中 n 的至少 $(p+1)/2$ 个值, $\sum_{k=0}^{p-1} k! \, n^k$ 不整除 p.

证明 我们在有 p 个元素的域 $F_p = \mathbf{Z}/p\mathbf{Z}$ 上讨论. 问题等价于证明在 F_p 中 $p-1$ 次多项式

$$q(x) = \sum_{k=0}^{p-1} k! \, x^k$$

至多有 $(p-1)/2$ 个不同的根. 由于 $q(0) = 1$,所以 0 不是根.

反之,我们作假设: $q(x)$ 在 F_p 中至少有 $(p+1)/2$ 个根. 那么就存在一个 $(p-3)/2$ 次的首一多项式 $f(x)$,使得 F_p 中不是 $q(x)$ 的根的所有非零元素都是 $f(x)$ 的根. 也就是说,存在

$$f(x) = x^{(p-3)/2} + a_1 x^{(p-5)/2} + \cdots + a_{(p-3)/2}$$

使得所有的 $1, 2, \cdots, p-1$ 都是 $q(x)f(x)$ 在 F_p 中的根. 因为

$$(x-1)(x-2)\cdots[x-(p-1)] = x^{p-1} - 1 \text{(在 } F_p[x] \text{ 中)}$$

由此即得存在一个多项式 $g(x) \in F_p[x]$,使得

$$q(x)f(x) = (x^{p-1} - 1)g(x)$$

比较两边的次数知 $g(x)$ 是 $(p-3)/2$ 次的. 因而,右端的乘积没有次数为 $(p-1)/2, \cdots, p-2$ 的项. 把这个结果应用到左端的乘积就得到,对于 $j = 1, \cdots, (p-1)/2$,有

$$j! + (j+1)! \, a_1 + \cdots + (j + (p-3)/2)! \, a_{(p-3)/2} \equiv 0 \pmod{p}$$

下面,我们将通过证明 $(p-1)/2 \times (p-1)/2$ 矩阵

$$\begin{bmatrix} 1! & 2! & \cdots & ((p-1)/2)! \\ 2! & 3! & \cdots & ((p+1)/2)! \\ \vdots & \vdots & & \vdots \\ ((p-1)/2)! & ((p+1)/2)! & \cdots & (p-2)! \end{bmatrix}$$

在 F_p 上是非奇异的来得到一个矛盾.

事实上,通过对于 n 的归纳法,我们可以更一般地对 $n = 1$,

$2,\cdots,p$ 和 $k=0,\cdots,p-n$ 证明 $n\times n$ 矩阵

$$M(n,k)=\begin{pmatrix} k! & (k+1)! & \cdots & (k+n-1)! \\ (k+1)! & (k+2)! & \cdots & (k+n)! \\ \vdots & \vdots & & \vdots \\ (k+n-1)! & (k+n)! & \cdots & (k+2n-2)! \end{pmatrix}$$

在 F_p 上是非奇异的,其中 $M(n,k)$ 的 (i,j) 元素是 $(k+i+j-2)!$.
对于 $n=1$,这是清楚的. 假设断言对于 $k=0,\cdots,p-n+1$ 时的 $M(n-1,k)$ 为真. 对于矩阵 $M(n,k)$,从第 n 行起至第 2 行,第 i 行减去第 $i-1$ 行与 $k+i-1$ 之积,我们可以将第 2 行至第 n 行的第 1 个元素变为 0. 并且得到位于 $(i,j)(i\geqslant 2,j\geqslant 2)$ 位置的元素为 $(j-1)(k+i+j-3)!$. 在这个 $(n-1)\times(n-1)$ 子矩阵中每一列除以 $j-1$,得到矩阵 $M(n-1,k+1)$,由此即得

$$\det M(n,k)=k!\ (n-1)!\ \det M(n-1,k+1)\not\equiv 0(\bmod p)$$

第 73 届美国大学生数学竞赛

2012 年 12 月 1 日举行了第 73 届 William Lowell Putnam 数学竞赛. 竞赛由 William Lowell Putnam 奖励基金会资助. 该基金会是由 Putnam 夫人为纪念其丈夫而出资设立的. 每年一次的竞赛由美国数学协会(the Mathematical Association of America)主办. 按照竞赛规则, 结果如下.

一等奖 25 000 美元奖给哈佛(Harvard)大学数学系, 3 名队员每人获 1 000 美元奖金. 二等奖 20 000 美元奖给麻省理工学院(MIT)数学系, 3 名队员每人获 800 美元奖金. 三等奖 15 000 美元奖给洛杉矶加州大学(UCLA)数学系, 3 名队员每人获 600 美元奖金. 四等奖 10 000 美元奖给石溪(Stony Brook)大学[①]数学系, 3 名队员每人获 400 美元奖金. 五等奖 5 000 美元奖给卡内基梅隆(Carnegie Mellon)大学数学系, 3 名队员每人获 200 美元奖金.

(按校名的英文序)杨百翰(Brigham Young)大学、西北(Northwestern)大学、普林斯顿(Princeton)大学、不列颠哥伦比亚(British Columbia)大学、耶鲁(Yale)大学的代表队获荣誉提名奖.

个人成绩前 5 名(其中麻省理工学院 3 名, 哈佛大学 2 名)每人获 2 500 美元奖金, 并成为 Putnam 会员(Putnam Fellow). 个人成绩第 6~16 名每人获 1 000 美元奖金. 个人成绩第 17~25 名每人获 250 美元奖金. 第 26 名(含)之后的 59 位个人获荣誉提名奖. 并表扬了其他的 17 名个人(即得分在前 101 位的个人选手获得了奖金或表扬——译注).

来自加拿大和美国的 578 个学院和大学的 4 277 名学生参加了这次竞赛. 有 402 个院校组队参赛. 命题委员会由得克萨斯基督教(Texas Christian)大学的 George T. Gilbert(主席)、布林莫尔(Bryn Mawr)学院的 Djordje Milicevic 和位于 Ann Arbor 的密歇根(Michigan)大学的 Hugh Montgomery 组成. 他们出了题, 而且提供了众多解答中最优秀的解答. 与本文不同的解答已在 Mathematics Magazine, 86:2013(1), 74-80 中刊出, 并已载于网

---

① 又称为 State University of New York at Stony Brook, 石溪纽约州立大学. ——译注

上 http://dx.doi.org/10.4169/math.mag.86.1.074. [①]

> **A-1** 令 $d_1, d_2, \cdots, d_{12}$ 是开区间 $(1, 12)$ 中的实数. 证明: 存在不同的指标 i, j, k, 使得 d_i, d_j, d_k 是一个锐角三角形的边长.

证明 以非减次序排列诸 d_i. 我们证明, 对于某个 i, 有 $d_{i+2}^2 < d_{i+1}^2 + d_i^2$. 如果 $d_3^2 \geqslant d_2^2 + d_1^2$, 则 $d_3^2 \geqslant 2d_1^2$. 如果此外还有 $d_4^2 \leqslant d_3^2 + d_2^2$, 则 $d_4^2 \geqslant 3d_1^2 = F_4 d_1^2$, 其中 F_i 表示第 i 个斐波那契 (Fibonacci) 数. 由归纳法, 或者我们成功了, 或者 $d_{12}^2 \geqslant F_{12} d_1^2$. [②] 但是 $F_{12} = 144$, $d_{12} < 12$, 并且 $d_1 > 1$, 因而我们必定对某个 i 有 $d_{i+2}^2 < d_{i+1}^2 + d_i^2$.

> **A-2** 令 "$*$" 是一个集合 S 上的一个可交换和结合的二元运算. 假设对于 S 中的每个 x 和 y, 存在 $z \in S$, 使得 $x * z = y$ (这个 z 可以依赖于 x 和 y). 证明: 若 $a, b, c \in S$, 并且 $a * c = b * c$, 则 $a = b$.

证明 假设 $a * b = b * c$, 并令 $e_a, d \in S$ 满足 $a * e_a = a$ 和 $c * d = e_a$, 则
$$a = a * e_a = a * (c * d) = (a * c) * d = (b * c) * d = b * (c * d) = b * e_a$$

把 a, b 交换后重复这些步骤, 即有: 存在 $e_b \in S$, 使得 $a * e_b = b * e_b = b$. 因而
$$a = b * e_a = $$
$$(a * e_b) * e_a = $$
$$a * (e_b * e_a) = $$
$$a * (e_a * e_b) = $$
$$(a * e_a) * e_b = $$
$$a * e_b = b$$

[①] 本文自开始至正文 "问题" 之前为译者根据原文编译. —— 译注
[②] 这里原文为 $d_i^2 \geqslant F_i d_1^2$, 疑为 $d_{12}^2 \geqslant F_{12} d_1^2$ 之误. 原文所说的 "成功了", 即指 "对于某个 i, 有 $d_{i+2}^2 < d_{i+1}^2 + d_i^2$".
—— 译注

> **A－3** 令 $f:[-1,1] \to \mathbf{R}$ 是一个连续函数,使得
> (1) $f(x) = \dfrac{2-x^2}{2} f\left(\dfrac{x^2}{2-x^2}\right)$ 对每个 $x \in [-1,1]$;
> (2) $f(0) = 1$;
> (3) $\lim\limits_{x \to 1^-} \dfrac{f(x)}{\sqrt{1-x}}$ 存在并且有限.
> 证明: f 是唯一的,并把 $f(x)$ 表成闭形式.

证明 $f(x) = \sqrt{1-x^2}$. 注意, f 是偶函数, 因而只需在 $(0,1]$ 上讨论即可. 我们用一系列代换来简化原来的泛函方程. 首先, 我们在区间 $[1, \infty)$ 中令 $g(x) = xf(1/x)$. 则

$$g(2x^2-1) = (2x^2-1)f(1/(2x^2-1)) =$$
$$2x^2 \frac{2-1/x^2}{2} f\left(\frac{1/x^2}{2-1/x^2}\right) =$$
$$2x^2 f(1/x) = 2xg(x).$$

现在, 对于 $y \geq 0$, 令 $u(y) = g(\cosh y)$, 则 $u(2y) = 2\cosh y\, u(y)$. 最后, 对于 $y > 0$, 令 $w(y) = u(y)/\sinh y$, 即得 $w(2y) = w(y)$. 因为极限

$$\lim_{y \to 0^+} w(y) = \lim_{y \to 0^+} \frac{f(\operatorname{sech} y)}{\tanh y} = \lim_{x \to 1^-} \frac{f(x)}{\sqrt{1-x^2}} = \frac{1}{\sqrt{2}} \lim_{x \to 1^-} \frac{f(x)}{\sqrt{1-x}}$$

存在, 我们即推得 $w(y)$ 是常数, 因而对于某个常数 c 有 $f(x) = c\sqrt{1-x^2}$. 从 $f(0) = 1$, 我们得到 $f(x) = \sqrt{1-x^2}$.

> **A－4** 令 $q > 0$, r 是整数, 并令 A 和 B 是实直线上的两个区间. 令 T 是所有 $b + mq$ 的集合, 其中 b 和 m 是整数, 并且 $b \in B$, 并令 S 是所有 $a \in A$ 使得 $ra \in T$ 的集合. 证明: 如果 A 和 B 的长度的乘积小于 q, 则 S 是 A 与某个算术级数的交.

证明 假设 A 与 B 长度之积小于 q. 令

$$\boldsymbol{M} = \begin{pmatrix} 1 & 0 \\ r & g \end{pmatrix}$$

并令 $\Lambda = \boldsymbol{M}\mathbf{Z}^2$, 它是 $\mathbf{Z}^2$ 中的一个格. 考虑 Λ 位于矩形 $A \times B$ 中的元素; 我们首先证明, 这些格点必定共线. 如果这些格点中有 3 个点不在一条直线上, 则以这 3 个点为顶点的三角形的面积至少为 $(1/2) \det \boldsymbol{M} = q/2$. 然而, 在矩形中的一个三角形的面积至多为此矩形面积的一半, 而所论矩形的面积小于 q, 这是一个矛盾. 令 L 表示这些格点所在的那条直线. 在 L 上的格点形成一个算术级

数. 此外, 矩形 $A \times B$ 是凸的, 因而 L 与此矩形之交是一条线段. 集合 S 即为这条线段上的格点的 x 坐标, 因而它们形成一列算术级数.

> **A-5** 令 F_p 表示模素数 p 的整数域, 并令 n 是一个正整数. 令 v 是 F_p^n 中的一个固定的向量, 令 M 是其元在 F_p 中的 $n \times n$ 矩阵, 并用 $G(x) = v + Mx$ 定义 $G : F_p^n \to F_p^n$. 令 $G^{(k)}$ 表示 G 与其自身的 k 重复合, 即, $G^{(1)}(x) = G(x)$, 并且 $G^{(k+1)}(x) = G(G^{(k)}(x))$. 确定所有的数对 p, n, 对于这些数对, 存在 v 和 M, 使得 p^n 个向量 $G^{(k)}(0)(k = 1, 2, \cdots, p^n)$ 各不相同.

解 对于 $n=1$ 和所有的 p, 以及对于 $n=2, p=2$, 这样的 v 和 M 存在.

对于 $n=1$, 令 $v=(1)$ 和 $M=(1)$. 对于 $p=n=2$, 令
$$v = \begin{pmatrix} 1 \\ 0 \end{pmatrix}, M = \begin{pmatrix} 1 & 0 \\ 1 & 1 \end{pmatrix}$$

反之, 假设 v 和 M 存在. 首先我们观察到, 为了得到不同的值, 出现 0 的最早的可能是 $G^{(p^n)}(0)$. 这样
$$v + Mv + M^2 v + \cdots + M^{p^n - 1} v = 0$$
用 M 相乘, 比较两个表达式, 得到 $M^{p^n} v = v$. 不过, 对所有的 k, 有
$$M^{p^n}(v + Mv + M^2 v + \cdots + M^k v) = v + Mv + M^2 v + \cdots + M^k v$$
这样, M^{p^n} 是单位矩阵. 由此即得, M 的极小多项式整除 $x^{p^n} - 1 = (x-1)^{p^n}$. 由凯莱－哈密顿(Cayley Hamilton)定理, M 的极小多项式整除其特征多项式; 特别, 极小多项式至多为 n 次的, 因而 $(M-I)^n = 0$.

如果 $n=1$ 和 $p=n=2$ 都不成立, 则 $p^{n-1} - 1 \geqslant n$, 因而 $(M-I)^{p^{n-1}-1} = 0$. 然而
$$(x-1)^{p^{n-1}-1} = \frac{(x-1)^{p^{n-1}}}{x-1} = \frac{x^{p^{n-1}} - 1}{x-1} = 1 + x + \cdots + x^{p^{n-1}-1}$$
然而 $G^{(p^{n-1})}(0) \neq 0$, 这是一个矛盾.

> **A-6** 令 $f(x, y)$ 是 $\mathbf{R}^2$ 上的一个实值连续函数. 假设, 对于面积为 1 的每个矩形区域 R, $f(x, y)$ 在 R 上的二重积分都等于 0. $f(x, y)$ 必定恒等于 0 吗?

解 考虑积分
$$F(x, y) = \int_0^x \int_0^y f(u, v) \mathrm{d}v \mathrm{d}u = \int_0^y \int_0^x f(u, v) \mathrm{d}u \mathrm{d}v$$
条件给出: 对每个 $a > 0$, 有 $F(a, 1/a) = 0$. 关于 a 求导, 我们得到

$$0 = \frac{\partial F}{\partial x} - \frac{1}{a^2}\frac{\partial F}{\partial y} = \frac{1}{a}\left(a\int_0^{1/a} f(a,v)\mathrm{d}v - \frac{1}{a}\int_0^a f(u,1/a)\mathrm{d}u\right)$$

换言之(如果需要,我们可以转换和旋转全部设置),如果我们有两条相互垂直的线段 PA 和 PB,使得 $|PA|\cdot|PB|=1$,那么 f 在 PA 和 PB 上的平均值是相等的. 特别,如果 A' 是一个点,使得点 P 是线段 AA' 的中点,那么 f 在 PA 和 PA' 上的平均值是相等的. 通过归纳法论证,如果 $A_1,A_2,\cdots,A_n$ 是沿着一条直线上的等距点,那么 f 在诸线段 A_iA_{i+1} 上的平均值是相等的. 现在假设 f 不恒等于零. 显然 f 不能是常数;取两个点 A 和 B,满足 $f(A)\neq f(B)$,并把线段 AB 分成足够多的等长度小区间,以致 f 在包含 A 和 B 的两个小区间上的平均值不相等. 这就产生了一个矛盾.

B−1 令 S 是从 $[0,\infty)$ 到 $[0,\infty)$ 的一个函数类,它满足:

(1) 函数 $f_1(x)=\mathrm{e}^x-1$ 和 $f_2(x)=\ln(x+1)$ 在 S 中;

(2) 若 $f(x)$ 和 $g(x)$ 在 S 中,则函数 $f(x)+g(x)$ 和 $f(g(x))$ 在 S 中;

(3) 若 $f(x)$ 和 $g(x)$ 在 S 中,且对所有 $x\geqslant 0$ 有 $f(x)\geqslant g(x)$,则函数 $f(x)-g(x)$ 在 S 中.

证明:如果 $f(x)$ 和 $g(x)$ 在 S 中,那么函数 $f(x)g(x)$ 也在 S 中.

证明 由规则(2),有 $f_2(f(x))=\ln(f(x)+1)\in S$ 及 $\ln(g(x)+1)\in S$,因而
$$\ln(f(x)+1)+\ln(g(x)+1)=$$
$$\ln(f(x)g(x)+f(x)+g(x)+1)\in S$$
取 f_1 与上述右端函数的复合,我们得到
$$f(x)g(x)+f(x)+g(x)\in S$$
因为 $f(x)+g(x)\in S$ 以及对所有 $x\in[0,\infty)$ 有 $f(x)g(x)+f(x)+g(x)\geqslant f(x)+g(x)$,即得 $f(x)g(x)\in S$.

B−2 令 P 是一个给定的(非退化)多面体. 证明:存在一个具有下述性质的常数 $c(P)>0$:如果 n 个球的体积和等于 V,并且此 n 个球包含 P 的整个表面,那么 $n>c(P)/V^2$.

证明 只需对用"P 的一个特别的面"来代替"P 的整个表面"解相同的问题即可. 令 F 是这样一个面,并令 $\{B_1,\cdots,B_n\}$ 是半径分别为 $r_1,\cdots,r_n$ 的 n 个球的集合,使得 $V=\frac{4}{3}\pi\sum_{j=1}^n r_j^3$,并且 F

$\subseteq \bigcup_{j=1}^{n} B_j$. 用 $A(X)$ 表示二维图形 X 的面积,并用 A 表示 F 的面积. 由

$$A(F \cap B_j) \leqslant \pi r_j^2$$

即得

$$A \leqslant \sum_{j=1}^{n} A(F \cap B_j) \leqslant \pi \sum_{j=1}^{n} r_j^2 = \left(\frac{9\pi}{16}\right)^{1/3} \sum_{j=1}^{n} V_j^{2/3}$$

此时,由函数 $x^{2/3}$ 的凹性(或琴生(Jensen)不等式),我们推得

$$A \leqslant \left(\frac{9\pi}{16}\right)^{1/3} n \left(\frac{1}{n}\sum_{j=1}^{n} V_j\right)^{2/3} = \left(\frac{9\pi}{16}\right)^{1/3} n^{1/3} V^{2/3}$$

因而 $n \geqslant \frac{16A^3}{9\pi} \cdot \frac{1}{V^2}$,以至对满足 $0 < c < \frac{16A^3}{9\pi}$ 的任何 $c = c(P)$ 得到结论.

> **B-3** $2n$ 个队的一次循环锦标赛历时 $2n-1$ 天,具体如下. 每一天,每个队与另一队进行一次比赛,在这 n 次比赛中的每一次中都有一队获胜,一队败北. 在赛事的进程中,每个队恰与其余每个队比赛一次. 是否必定能够在每天选取一个获胜队,而使任何被选取的队不多于一次被选?

解 如果 W_k 是第 k 轮比赛中 n 个胜者的集合,我们需要证明族 $(W_k)_{k=1}^{2n-1}$ 有一组不同的代表①. 由霍尔(Hall)定理,需证者成立,当且仅当这些集合中任意 s 个的并集至少有 s 个元素. 现假设,这些集合中有 s 个集合,它们的并集(s 轮比赛的胜者)至多有 $s-1$ 个元素(队). 这意味着其余 $2n-s+1$ 个队在我们的 s 轮比赛中全输了,因而他们中任意两个队在这 s 轮比赛中都未相遇. 对于这些 $2n-s+1$ 个队中的参赛队,至少还需 $2n-s$ 轮比赛才能与其他队都比赛到,但是这会使我们的比赛至少进行 $2n$ 轮,多出 1 轮了!

> **B-4** 假设 $a_0=1$,并且对于 $n=0,1,2,\cdots$ 有 $a_{n+1}=a_n+\mathrm{e}^{-a_n}$. 当 $n \to \infty$ 时,$a_n - \log n$ 是否存在一个有限的极限(这里 $\log n = \log_e n = \ln n$).

解 是的;事实上,所论极限是 0. 令 $w_n = \mathrm{e}^{a_n}$,则 $\log w_{n+1}/w_n = 1/w_n$. 数列 a_n 严格递增地趋向于无穷(如果它有一个有限的极限 L,我们就会有 $L = L + \mathrm{e}^{-L}$),因而数列 w_n 也是递增地趋向于

---

① 即存在 $w_k \in W_k, k=1,2,\cdots,2n-1$,使得诸 w_k 互不相同. ——译注

无穷. 因而 $\log w_{n+1}/w_n$ 趋向于 0, 所以 w_{n+1}/w_n 趋向于 1. 因为当 $\delta \to 0$ 时 $\log(1+\delta) = \delta + O(\delta^2)$, 由此即得

$$\frac{1}{w_n} = \log\left(1 + \frac{w_{n+1} - w_n}{w_n}\right) = \frac{w_{n+1} - w_n}{w_n} + O\left(\frac{(w_{n+1} - w_n)^2}{w_n^2}\right)$$

因而

$$w_{n+1} - w_n = 1 + O\left(\frac{(w_{n+1} - w_n)^2}{w_n}\right)$$

因为对于大的 n, 右端第 1 项大于右端第 2 项, 由此即得对于大的 n 有 $w_{n+1} - w_n \approx 1$ (一般而言, 记号 $f \approx g$ 意味着 f 和 g 是正的, 并且存在正常数 C_1, C_2, 使得 $C_1 \leqslant f/g \leqslant C_2$). 求和即得, 对于大的 n 有 $w_n \approx n$. 因而, 上面列出的关系式给出

$$w_{n+1} - w_n = 1 + O(1/n)$$

对此求和, 我们发现 $w_n = n + O(\log n)$. 因而

$$a_n - \log n = \log \frac{w_n}{n} = \log(1 + O(\frac{\log n}{n})) = O(\frac{\log n}{n})$$

B-5 证明: 对于任意两个有界函数 $g_1, g_2 : \mathbf{R} \to [1, \infty)$, 存在函数 $h_1, h_2 : \mathbf{R} \to \mathbf{R}$, 使得对每个 $x \in \mathbf{R}$, 有

$$\sup_{s \in \mathbf{R}}(g_1(s)^x g_2(s)) = \max_{t \in \mathbf{R}}(xh_1(t) + h_2(t))$$

证明 注意, 每个形如

$$f(x) = \sup_{t \in \mathbf{R}}(xh_1(t) + h_2(t)) \tag{1}$$

的函数 $f : \mathbf{R} \to \mathbf{R}$ 是凸的, 其中 $h_1, h_2 : \mathbf{R} \to \mathbf{R}$ 是两个任意的函数, 只要对于每个 $x \in \mathbf{R}$, 式 (1) 右端的上确界存在. 事实上, 对于每个 $x, y \in \mathbf{R}$ 和每个 $\lambda \in (0, 1)$, 有

$\lambda f(x) + (1-\lambda) f(y) =$
$\sup\limits_{t \in \mathbf{R}}(\lambda x h_1(t) + \lambda h_2(t)) + \sup\limits_{t \in \mathbf{R}}((1-\lambda) y h_1(t) + (1-\lambda) h_2(t)) \geqslant$
$\sup\limits_{t \in \mathbf{R}}(((\lambda x + (1-\lambda) y) h_1(t) + (\lambda + (1-\lambda)) h_2(t))) =$
$f(\lambda x + (1-\lambda) y)$

反之亦真, 即每个凸函数 $f : \mathbf{R} \to \mathbf{R}$ 对于某两个 $h_1, h_2 : \mathbf{R} \to \mathbf{R}$ 满足式 (1). 事实上, 我们断言, 可以选取 h_1 和 h_2, 使得它们满足更强一些的条件

$$f(x) = \max_{t \in \mathbf{R}}(xh_1(t) + h_2(t)) \tag{2}$$

事实上, 因为 f 是凸的, 我们知道: f 是一个连续函数, 并且在每一点处具有左导数和右导数, 它们对任意满足 $a < b$ 的 $a, b \in \mathbf{R}$, 满足

$$f'_-(a) \leqslant f'_+(a) \leqslant \frac{f(b) - f(a)}{b - a} \leqslant f'_-(b)$$

由此即得, 对于每个 $t \in \mathbf{R}$ 有

$$f(x) \geqslant (x-t)f'_-(t) + f(t)$$

当 $t=x$ 时等号成立. 立即得到,当

$$h_1(t) = f'_-(t), h_2(t) = f(t) - tf'_-(t)$$

时式(2)成立.

令 $g_1, g_2 : \mathbf{R} \to [1, \infty)$ 如问题的叙述中所述. 在上面讨论的第 1 部分中,我们已经证明了

$$f(x) = \sup_{t \in \mathbf{R}}(x \ln g_1(t) + \ln g_2(t))$$

定义了一个凸函数 $f : \mathbf{R} \to \mathbf{R}$,因为 $\ln g_1, \ln g_2 : \mathbf{R} \to \mathbf{R}$ 是有界的. 因而 $e^{f(x)}$ 也是凸的. 这是众所周知的,并且从

$$\lambda e^{f(x)} + (1-\lambda)e^{f(y)} \geqslant e^{\lambda f(x)+(1-\lambda)f(y)} \geqslant e^{f(\lambda x+(1-\lambda)y)}$$

也可得到,其中第 1 步利用了指数函数的凸性,第 2 步利用了函数 f 的凸性以及指数函数的单调性. 由于 $e^{f(x)}$ 是一个凸函数,由式 (2) 即得,对于某两个函数 $h_1, h_2 : \mathbf{R} \to \mathbf{R}$,有

$$e^{f(x)} = \max_{t \in \mathbf{R}}(xh_1(t) + h_2(t))$$

这等价于我们所要证明的.

关于凸集的基础知识请见第二编.

B-6 令 p 是一个奇素数,使得 $p \equiv 2 \pmod 3$. 用 $\pi(x) = x^3 \pmod p$ 定义模 p 剩余类的一个置换 π. 证明: π 是一个偶置换,当且仅当 $p \equiv 3 \pmod 4$.

证明 对于由 π 所固定的 3 类 $0, 1$ 和 -1,考虑 $a \neq 0, 1, -1$. 包含 a 的循环与包含 $-a \not\equiv a \pmod p$ 的循环有相同的长度. 这样,π 的奇偶性由包含 a 和 $-a$ 两者的那些循环所决定. 类似地,包含 a 的循环与包含 $a^{-1} \not\equiv a \pmod p$ 的循环有相同的长度. 这样,我们只剩下包含 $a, -a$ 和 a^{-1} 的循环了. 那么,如果从 a 到 $-a$ 要应用 k 次 π,则此循环有长度 $2k$. 另一方面,替代 $-a$,相同的论证也适用于 a^{-1},因而 $-a \equiv a^{-1} \pmod p$,即 $a^2 \equiv -1 \pmod p$. 对于这样的 $a, a^3 \equiv -a \pmod p$,因而 $k=1$. 因为乘法群 $(\bmod p)$ 是 $p-1$ 阶循环的,或者由欧拉(Euler)准则,当 $p \equiv 3 \pmod 4$ 时不存在这样的 a,当 $p \equiv 1 \pmod 4$ 时有两个这样的 a 形成阶为 2 的循环. 因而,在前一情形 π 是偶的,在后一情形 π 是奇的.

第二编

背景介绍

泛函中的凸集

1. 凸集及其性质

定义 1.1 设 X 是数域 Y 上的线性空间,$S \subset X$,若 $\forall x \in S$,均有 $-x \in S$,则称 S 为对称集.

显然,若 S 为对称集,则有 $-S \subset S$,从而 $-S = S$.

定义 1.2 设 X 是数域 Y 上的线性空间,$S \subset X$,$E = \{a \mid a \in \mathbf{R}, |a| \leqslant 1\}$,若 $ES \subset S$,则称 S 为平衡集,其中 $ES = \{ax \mid a \in E, x \in S\}$.

任给集合 T,称 ET 为 T 的平衡壳. 显然 ET 是平衡集,且是包含 T 的最小的平衡集.

定义 1.3 设 X 是数域 Y 上的线性空间,$S \subset X$,若 $\forall x \in X (x \neq \theta)$,都存在 $\varepsilon > 0$,使当 $0 < a < \varepsilon$ 时,有 $ax \in S$,则称 S 为吸收集.

以下我们列举一些有关这三类集合的例子.

例 1.1 在 $\mathbf{R}^2$ 中:

集合 $\delta = \{(x,y) \mid x^2 + y^2 \leqslant 1\}$ 是对称集,吸收集,平衡集(图 1(a)).

集合 $\delta' = \{(x,y) \mid 0 < x^2 + y^2 \leqslant 1\}$ 是对称集,吸收集,但不是平衡集(图 1(b)).

集合 $\delta'' = \{(x,y) \mid x^2 + y^2 \leqslant 1, (x,y) \neq \left(0, \pm \dfrac{1}{n}\right), n = 1, 2, \cdots\}$ 是对称集,但不是吸收集和平衡集(图 1.1(c)).

例 1.2 在 $\mathbf{R}^2$ 中:

$S = \{(x,y) \mid (x,y)$ 属于联结 $(-1,-1)$ 与 $(1,1)$ 的线段$\}$ 是对称集,平衡集,但不是吸收集(图 2(a)).

$S' = \{(x,y) \mid (x,y)$ 属于联结 $(-1,-1)$ 与 $(1,1)$ 的线段,但 $(x,y) \neq \left(\dfrac{1}{2}, \dfrac{1}{2}\right)\}$ 是不平衡,不对称,不吸收的集(图 2(b)).

例 1.3 在 $\mathbf{R}^2$ 中:

$T = \{(x,y) \mid y \geqslant x^2$ 或 $y \leqslant -x^2\}$ 是对称集,平衡集,但不是吸收集(图 3(a)).

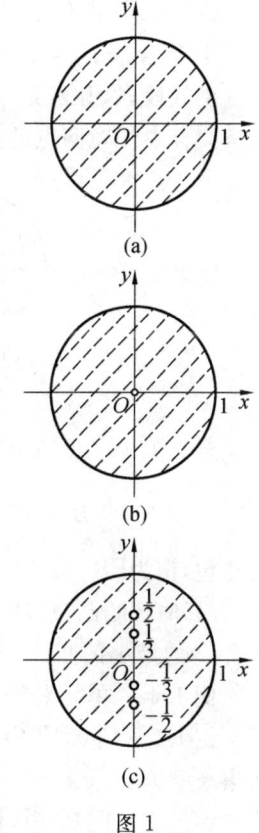

图 1

$T'=\{(x,y)\mid y\geqslant x^2 \text{ 或 } y\leqslant -x^2, \text{但}(x,y)\neq(0,0)\}$ 是对称集,但不是平衡集和吸收集(图 3(b)).

$T''=\{(x,y)\mid y\geqslant x^2 \text{ 或 } y\leqslant -x^2 \text{ 或 } y=0\}$ 是对称集,吸收集,平衡集(图 3(c)).

通过以上定义及例子我们不难看出这三类集合的关系如下:

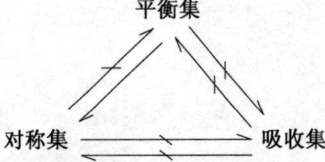

定义 1.4 设 X 是数域 Y 上的线性空间,$E\subset X$,若 $\forall x,y\in E, \lambda\in[0,1]$,皆有 $\lambda x+(1-\lambda)y\in E$,则称 E 为凸集.

称集合 $\{z\mid z=\lambda x+(1-\lambda)y, x,y\in E, \lambda\in[0,1]\}$ 为联结 x 与 y 的线段,这显然是二维平面两点连线的推广. 于是,所谓凸集就是集合中任意两点的连线仍在其中的集合,如图 4.

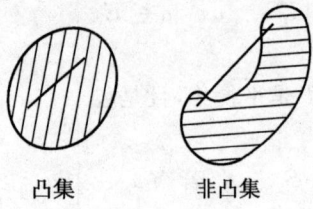

图 4

定义 1.5 设 X 是数域 Y 上的线性空间,$B\subset X$,称集合 $\{\sum_{i=1}^{n}a_i x_i \mid x_i\in B, a_i\in\mathbf{R}, a_i\geqslant 0, \text{且}\sum_{i=1}^{n}a_i=1, n=1,2,3,\cdots\}$ 为 B 的凸包,记为 $[B]$ 或 $\text{COV } B$.

易知:B 的凸包 $[B]$ 是包含 B 的一切凸集的交集,从而 $[B]$ 是包含 B 的最小的凸集.

例 1.4 单元素集 $A=\{a\}$ 是凸集,全空间 X 是凸集.

例 1.5 $C[0,1]$ 中的集 $M=\{f\mid f(x)\geqslant 0, \forall x\in[0,1]\}$ 是凸集.

例 1.6 在 $\mathbf{R}^2$ 中,任何两条射线所围成的夹角小于 π 的部分所成集为凸集(图 1.5).

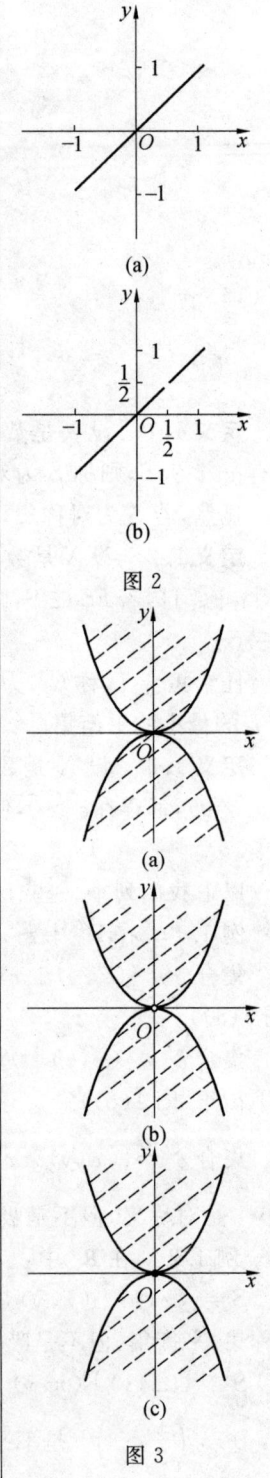

凸集有以下简单性质：

(1) 设 V_1, V_2 是 X 中的凸集,则 $\forall \alpha, \beta \in Y, \alpha V_1 + \beta V_2$ 也是 X 中的凸集,其中 $\alpha V_1 + \beta V_2 \triangleq \{\alpha x + \beta y \mid x \in V_1, y \in V_2\}$.

证明 首先,若 V 是凸集,则显然 αV 也是凸集.

其次,若 V_1, V_2 是凸集,则 $V = V_1 + V_2$ 也是凸集.

事实上,$\forall x, y \in V$,有 $x = x_1 + x_2, y = y_1 + y_2$,其中 $x_i \in V_i$, $i = 1, 2$. 于是 $\lambda x + (1-\lambda)y = \lambda x_1 + (1-\lambda)y_1 + \lambda x_2 + (1-\lambda)y_2 \in V_1 + V_2 = V$.

由以上证明可知,$\alpha V_1 + \beta V_2$ 也是 X 中的凸集.

(2) $V_i (i \in I)$ 为 X 中的凸集,则 $\bigcap\limits_{i \in I} V_i$ 也是 X 中的凸集.

(3) 设 $\|\cdot\|$ 为线性空间 X 中的拟范数,E 是 X 中的凸集,则 $E_\delta = \{x \mid x \in X, 存在 y \in E 使得 \|x - y\| < \delta\}$ 也是凸集.

证明 只需证明 $E_\delta = E + o(\theta, \delta)$ 即可. 事实上,$E + o(\theta, \delta) \subset E_\delta$ 是显然的. 又 $\forall z \in E_\delta$,存在 $x \in E$ 使得 $\|z - x\| < \delta$. 令 $y = z - x$,显然 $y \in o(\theta, \delta)$,且 $z = x + y \in E + o(\theta, \delta)$,即 $E + o(\theta, \delta) \subset E_\delta$.

(4) 设 X, Y 是线性空间,$T: X \to Y$ 是线性映射,E 是 X 中的凸集,则 $T(E)$ 是 Y 中的凸集.

(5) 设 X 是线性空间,$V \subset X$,则 V 是凸集 $\Leftrightarrow \forall \alpha > 0, \beta > 0$,都有 $(\alpha + \beta)V = \alpha V + \beta V$.

证明 充分性.

设 V 是 X 中的凸集,则首先有 $(\alpha + \beta)V \subset \alpha V + \beta V$,其次,$\forall y \in \alpha V + \beta V$,都存在 $x_1, x_2 \in V$ 使 $y = \alpha x_1 + \beta x_2 = (\alpha + \beta)\dfrac{\alpha x_1 + \beta x_2}{\alpha + \beta} = (\alpha + \beta)\left(\dfrac{\alpha}{\alpha + \beta}x_1 + \dfrac{\beta}{\alpha + \beta}x_2\right) \in (\alpha + \beta)V$.

于是 $(\alpha + \beta)V = \alpha V + \beta V$.

必要性.

若 $\forall \alpha > 0, \beta > 0$,都有 $(\alpha + \beta)V = \alpha V + \beta V$,于是对 $\forall x, y \in V, \lambda \in [0, 1]$. 当 $\lambda \neq 0, 1$ 时,有 $\lambda > 0, (1-\lambda) > 0$,由 $\lambda x + (1-\lambda)y \in \lambda V + (1-\lambda)V = (\lambda + (1-\lambda))V$,知 $\lambda x + (1-\lambda)y \in V$;当 $\lambda = 0$ 时,$\lambda x + (1-\lambda)y = y \in V$;当 $\lambda = 1$ 时,$\lambda x + (1-\lambda)y = x \in V$. 从而 V 是 X 中的凸集,证毕!

(6) 设 X 是线性赋范空间,S 是 X 中的凸集,则 $\overline{S}$ 也是 X 中的凸集.

证明 $\forall x, y \in \overline{S}$ 都存在 $x_n, y_n \in S, n = 1, 2, \cdots$ 使得 $x_n \xrightarrow{\|\cdot\|} x, y_n \xrightarrow{\|\cdot\|} y (n \to \infty)$,从而有:$\forall \lambda, 0 \leq \lambda \leq 1$, $\lambda x_n \xrightarrow{\|\cdot\|} \lambda x, (1-\lambda)y_n \xrightarrow{\|\cdot\|} (1-\lambda)y$. 由 S 为凸集,知 $\lambda x_n + (1-\lambda)y_n \in S \subset \overline{S}$. 又 $\overline{S}$ 为闭集,从而由 $\lambda x_n + (1-\lambda)y_n \xrightarrow{\|\cdot\|}$

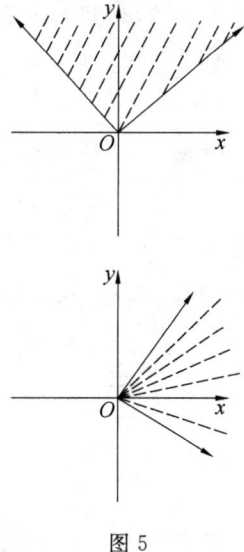

图 5

$\lambda x + (1-\lambda)y$,知 $\lambda x + (1-\lambda)y \in \bar{S}$.

所以 $\bar{S}$ 也为凸集.

(7) 若 S 为一开集,则其凸壳 $[S]$ 也为开集.

证明 $\forall x \in [S]$,有 $x = \sum_{i=1}^{n} \alpha_i x_i, x_i \in S, \alpha_i \geqslant 0$, 且 $\sum_{i=1}^{n} \alpha_i = 1$.

因为 S 为开集,所以存在 x_i 的开球邻域 V_i 使得 $V_i \subset S, i=1, 2, \cdots, n$.

令 $T = \sum_{i=1}^{n} \alpha_i V_i$,显然 $x \in T \subset [S]$.

由 V_i 为开集易知 $\alpha_i V_i$ 也为开集,从而可得 $\alpha_i V_i + \alpha_j V_j$ 为开集.

事实上,$\forall y \in \alpha_j V_j, y + \alpha_i V_i$ 显然为开集,而 $\alpha_i V_i + \alpha_j V_j = \bigcup_{y \in \alpha_j V_j}(y + \alpha_i V_i)$,所以 $\alpha_i V_i + \alpha_j V_j$ 为开集,由此 $T = \sum_{i=1}^{n} \alpha_i V_i$ 为开集. 于是 x 是 $[S]$ 的内点,从而 $[S]$ 为开集.

证毕!

以下讨论希尔伯特(Hilbert)空间中的闭凸集,有关它的一系列结论是最佳逼近问题的基础之一.

定理 1.1 设 H 是(Hilbert)空间,C 是 X 中的闭凸子集,则 C 上存在唯一元素 x_0 取到最小模(即存在 $x_0 \in C$ 使 $\|x_0\| = \inf_{x \in C} \|x\|$).

证明 存在性.

若零元素 $\theta \in C$,则 $x_0 = \theta$. 若 $\theta \notin C$,则 $d \stackrel{\triangle}{=\!=\!=} \inf_{x \in C} \|x\| > 0$. 由下确界定义,$\forall n \in \mathbf{N}$,存在 $x_n \in C$,使得

$$d \leqslant \|x_n\| < d + \frac{1}{n}, n = 1, 2, \cdots \tag{1}$$

假设数列 $\{x_n\}$ 有极限 x_0,那么由于 C 是闭集,我们知道 $x_0 \in C$,且由上面式(1)知 $\|x_0\| = d$,即 x_0 取到了 C 上元素的最小模. 事实上,数列 $\{x_n\}$ 确有极限.

由平行四边形等式知

$$\|x_m - x_n\|^2 = 2(\|x_m\|^2 + \|x_n\|^2) - 4\left\|\frac{x_m + x_n}{2}\right\|^2 \leqslant$$
$$2\left[\left(d + \frac{1}{n}\right)^2 + \left(d + \frac{1}{m}\right)^2\right] - 4d^2 \to 0 (当 n, m \to \infty)$$

所以,$\{x_n\}$ 是一个基本列,从而有极限.

唯一性.

若有 $x_0 \in C, \hat{x}_0 \in G$ 使得 $\|x_0\| = \|\hat{x}_0\| = d$,则有 $\|x_0 -$

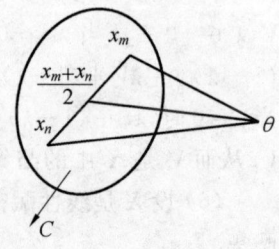

图 6

$\hat{x}_0 \|^2 = 2(\| x_0 \|^2 + \| \hat{x}_0 \|^2) - 4 \| \frac{x_0 + \hat{x}_0}{2} \|^2 \leqslant 4d^2 - 4d^2 = 0$,
从而有 $x_0 = \hat{x}_0$,见图 6.

证毕.

定理 1.2 （变分引理）设 M 是内积空间 H 中完备的凸集,$x \in H$. 记 d 为 x 到 M 的距离 $d = d(x, M) = \inf\limits_{y \in M} \| x - y \|$,则必存在唯一的 $x_0 \in M$ 使得 $\| x - x_0 \| = d$. 称 x_0 为 x 在 M 上的最佳逼近元.

证明 由距离定义知:存在 M 中点列 $\{x_n\}$ 使得 $\lim\limits_{n \to \infty} \| x_n - x \| = d$. 这样的点列称为"极小化"序列. 下面证明 $\{x_n\}$ 是基本列.

由平行四边形等式知

$$2 \| \frac{x_m - x_n}{2} \|^2 = \| x_m - x \|^2 + \| x_n - x \|^2 - 2 \| \frac{x_m + x_n}{2} - x \|^2 \tag{2}$$

因为 M 是凸集,$\frac{x_m + x_n}{2} \in M$,所以 $\| \frac{x_m + x_n}{2} - x \| \geqslant d$. 由上面式(2)得

$$0 \leqslant 2 \| \frac{x_m + x_n}{2} \|^2 \leqslant \| x_m - x \|^2 + \| x_n - x \|^2 - 2d^2$$

从而有 $\lim\limits_{m, n \to \infty} \| x_m - x_n \|^2 = 0$,所以 $\{x_n\}$ 是基本列.

又因为 M 是完备的度量空间,所以有 $x_0 \in M$,且 $\lim\limits_{n \to \infty} x_n = x_0$. 这时 $\| x - x_0 \| = \lim\limits_{n \to \infty} \| x - x_n \| = d$.

若还有 $y_0 \in M$,使 $\| x - y_0 \| = d$,那么点列 $\{x_0, y_0, x_0, y_0, \cdots\}$ 显然也是"极小化"序列,因而是基本列,这说明 $x_0 = y_0$. 即在 M 中存在唯一的 x_0 使 $\| x - x_0 \| = d$.

证毕.

显然,若定理 1.2 中的 H 为希尔伯特空间,则此定理是定理 1.1 的推论.

事实上,集合 $M - \{x\} \xlongequal{\triangle} \{y - x \mid y \in M\}$ 显然还是 H 中的闭凸子集,由定理 1.1,存在唯一的 $z_0 \in M - \{x\}$,使得 $\| z_0 \| = \inf\limits_{z \in M - \{x\}} \{ \| y \| \}$.

令 $x_0 = z_0 + x$,则 $x_0 \in M$,且 $\| x - x_0 \| = \inf\limits_{y \in M} \{ \| x - y \| \}$.

定理 1.3 设 H 是内积空间,C 是 H 中闭凸子集,$\forall y \in H$,为了 x_0 是 y 在 C 上的最佳逼近元,必须且仅须它适合

$$\mathrm{Re}(y - x_0, x_0 - x) \geqslant 0, \forall x \in C \tag{3}$$

证明 对 $\forall x \in C$,考察函数

$$\varphi_x(t) = \| y - tx - (1-t)x_0 \|^2, t \in [0,1]$$

显然,为了使 x_0 是 y 在 C 上的最佳逼近元,必须且仅须它适合

$$\varphi_x(t) \geqslant \varphi_x(0), \forall x \in C, \forall t \in [0,1] \qquad (4)$$

以下我们证明 (3)⇔(4).

由于
$$\varphi_x(t) = \|(y-x_0) + t(x_0-x)\|^2 =$$
$$\|y-x_0\|^2 + 2t\mathrm{Re}(y-x_0, x_0-x) +$$
$$t^2\|x_0-x\|^2$$

故
$$\varphi'_x(0) = 2\mathrm{Re}(y-x_0, x_0-x)$$

于是
$$(3) \Leftrightarrow \varphi'_x(0) \geqslant 0 \qquad (5)$$

又因为
$$\varphi_x(t) - \varphi_x(0) = \varphi'_x(0)t + \|x_0-x\|^2 t^2$$

所以
$$\varphi'_x(0) \geqslant 0 \Leftrightarrow (4) \qquad (6)$$

联合式(5)与(6)可得(3)⇔(4).

证毕.

推论 1.3 设 H 是希尔伯特空间,M 是 H 的一个闭线性子流形. $\forall x \in H$,为了使 y 是 x 在 M 上的最佳逼近元,必须且仅须它适合

$x - y \perp M - N$,其中 $N = \{w \mid w = z - y, y \in M\}$

证明 由定理 1.3 知,为了使 y 是 x 在 M 上的最佳逼近元,必须且仅须

$$\mathrm{Re}(x-y, y-z) \geqslant 0, \forall z \in M$$

由于 M 是线性流形,故 $\forall z \in M$,有

$$z = y + w \quad (w \in M - \{y\} = N)$$

注意到 N 是线性子空间,且当 z 取遍 M 中所有值时,w 也取遍 N 中的所有值. 将 $z = y + w$ 代入 $\mathrm{Re}(x-y, y-z) \geqslant 0$ 得

$$\mathrm{Re}(x-y, w) \leqslant 0 \quad (\forall w \in N)$$

在上式中用 $-w$ 代替 w,便得

$$\mathrm{Re}(x-y, w) = 0 \quad (\forall w \in N)$$

进一步,在 $\mathrm{Re}(x-y, w) = 0$ 中用 iw 代替 w,则有

$$(x-y, w) = 0 \quad (\forall w \in N)$$

于是 $x - y \perp M - N$.

证毕.

注 所谓线性流形是线性空间的子空间对某个向量的平移. 具体定义如下:

设 H 是一个线性空间,$E \subset H$,若存在 $x_0 \in H$ 及线性子空间

$E_0 \subset H$,使得 $E = E_0 + x_0 \xlongequal{\triangle} \{x + x_0 \mid x \in E_0\}$,则称 E 为线性流形.

2. 闵可夫斯基泛函

定义 2.1 设 X 是线性空间,K 是 X 的吸收的凸集,且零点 $\theta \in K$,记 $A_x = \{\alpha \mid \alpha > 0, x \in \alpha K\}$,$\forall x \in X$;记 $P_K(x) = \inf A_x$. 称 $P_K(x)$ 为关于 K 的闵可夫斯基(Minkowski)泛函.

显然,$0 \leqslant P_K(x) < +\infty$.

例 2.1 X 是线性空间,$K = X$,求 $P_K(x)$.

解 $\forall \alpha > 0$,有 $\alpha X = X$,即 $\alpha K = X$. 于是 $A_x = \{\alpha \mid \alpha > 0, x \in \alpha K\} = \{\alpha \mid \alpha > 0, x \in X\} = \{\alpha \mid \alpha > 0\}$,从而 $P_K(x) = \inf A_x = 0$,即

$$P_K(x) = 0, \forall x \in X$$

例 2.2 X 是线性空间,$K = \{x \mid x \in X, \|x\| \leqslant r\}(r > 0)$,求 $P_K(x)$.

解 $\forall x \neq 0$,欲使 $x \in \alpha K$,必须 $\|x\| \leqslant \alpha r$,即 $\alpha \geqslant \dfrac{\|x\|}{r}$. 因此,$P_K(x) = \inf A_x \geqslant \dfrac{\|x\|}{r}$.

又 $x = \dfrac{\|x\|}{r}\left(\dfrac{r}{\|x\|}x\right) \in \dfrac{\|x\|}{r}K$,$\left(\text{因} \dfrac{r}{\|x\|}x \in K\right)$ 故正数 $\dfrac{\|x\|}{r} \in A_x$,于是 $P_K(x) = \inf A_x \leqslant \dfrac{\|x\|}{r}$.

综合上述,可得 $P_K(x) = \dfrac{\|x\|}{r}$,$\forall x \neq 0$.

若 $x = \theta$,则显然有 $P_K(\theta) = 0$. 事实上,$\forall \alpha > 0$,有 $\theta \in \alpha K$,从而 $P_K(\theta) = \inf A_\theta = \inf\{\alpha \mid \alpha > 0\} = 0$.

由以上知 $P_K(x) = \dfrac{\|x\|}{r}$,$\forall x \in X$.

例 2.3 如图 7,设 $X = \mathbf{R}^2$,$K = \{u \mid u = (x, y), (x, y) \in \mathbf{R}^2, y \geqslant x^2 - 1\}$,求 $P_K(g)$.

解 当 $x = \theta$ 时,$P_K(\theta) = 0$,这与上例中 $P_K(\theta) = 0$ 的证法一致.

$\forall g \neq \theta, g \in \mathbf{R}^2$,联结 θ, g 使得过点 θ, g 的直线与曲线 $y = x^2 - 1$ 交于点 g',显然 $g' \neq \theta$.

欲使 $g \in \alpha K$,必须 $\|g\| \leqslant \alpha \|g'\|$,即 $\alpha \geqslant \dfrac{\|g\|}{\|g'\|}$,因此

$$P_K(g) \geqslant \dfrac{\|g\|}{\|g'\|}$$

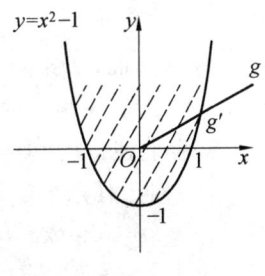

图 7

又 $g = \frac{\|g\|}{\|g'\|}\left(\frac{\|g'\|}{\|g\|}g\right) \in \frac{\|g\|}{\|g'\|}K$（因为 $\frac{\|g'\|}{\|g\|}g \in K$），

所以正数 $\frac{\|g\|}{\|g'\|} \in A_g$，于是 $P_K(g) = \inf A_g \leqslant \frac{\|g\|}{\|g'\|}$。

综合上述得 $P_K(g) = \frac{\|g\|}{\|g'\|}$。从而 $P_K(g) = \begin{cases} \frac{\|g\|}{\|g'\|}, & g \neq \theta \\ 0, & g = \theta \end{cases}$。

闵可夫斯基泛函有下列性质：

设 X 是线性空间，K 是 X 中含点 θ 的吸收的凸集，那么

(1) $P_K(x)$ 是次加的，即 $P_K(x+y) \leqslant P_K(x) + P_K(y)$。

(2) $P(\theta) = 0$，且 $P_K(x)$ 是正齐的，即
$$P_K(\lambda x) = \lambda P_K(x) \quad (\forall \lambda > 0)$$

(3) 若假设 K 还是对称的，则 $P_K(x)$ 是绝对齐的，即
$$P_K(\lambda x) = |\lambda| P_K(x) \quad (\forall \lambda \in \mathbf{R})$$

由上述三条性质可知，若 K 是 X 中对称的、含点 θ 的吸收的凸集，则 $P_K(x)$ 是 X 的一个拟范数。

证明 (1) 对于任意给定的 $x, y \in X$，欲证
$$P_K(x+y) \leqslant P_K(x) + P_K(y)$$

事实上，$\forall \alpha \in A_x, \beta \in A_y$，均有 $x + y \in \alpha K + \beta K = (\alpha + \beta)K$（由 K 是凸集可得 $\alpha K + \beta K = (\alpha + \beta)K$），于是 $\alpha + \beta \in A_{x+y}$，而 $P_K(x+y) = \inf A_{x+y}$，所以有
$$P_K(x+y) \leqslant \alpha + \beta$$

又由 α, β 的任意性可知
$$P_K(x+y) \leqslant P_K(x) + P_K(y)$$

(2) 一方面，因为 $\theta \in K$，所以 $\forall \alpha > 0$，均有 $\theta \in \alpha K$，从而 $P_K(\theta) = \inf\{\alpha \mid \alpha > 0\} = 0$。

对于任意给定的 $x \in X$，欲证 $P_K(\lambda x) = \lambda P_K(x) (\forall \lambda > 0)$。事实上，$\forall \alpha \in A_{\lambda x}$，有 $\lambda x \in \alpha K$，于是 $x \in \frac{\alpha}{\lambda}K$，从而 $P_K(x) \leqslant \frac{\alpha}{\lambda}$，亦即 $\alpha \geqslant \lambda P_K(x)(\forall \lambda > 0)$。由 α 的任意性知
$$P_K(\lambda x) \geqslant \lambda P_K(x)$$

另一方面，$\forall \beta \in A_x$，有 $x \in \beta K$，于是 $\lambda x \in \lambda\beta K$，从而 $P_K(\lambda x) \leqslant \lambda\beta$。又由 β 的任意性知 $P_K(\lambda x) \leqslant \lambda P_K(x)$。

综合上述得 $P_K(\lambda x) = \lambda P_K(x)(\forall x \in X, \lambda > 0)$。

(3) 对于任意给定的 $x \in X$，欲证
$$P_K(\lambda x) = |\lambda| P_K(x) \quad (\forall \lambda \in \mathbf{R})$$

事实上，$\forall \alpha \in A_x$，有 $x \in \alpha K$，于是有 $\frac{x}{\alpha} \in K$。由于 K 对称，故 $-\frac{1}{\alpha}x \in K$。从而 $\forall \lambda \in \mathbf{R}, \lambda \neq 0$，有 $\frac{\lambda x}{|\lambda|\alpha} \in K$，即 $\lambda x \in |\lambda|\alpha K$，

于是 $P_K(\lambda x) \leqslant |\lambda| \alpha$. 又由 α 的任意性知 $P_K(\lambda x) \leqslant |\lambda| P_K(x)$.

另外，$\forall \beta \in A_{\lambda x}$，有 $\lambda x \in \beta K$，由 K 是对称集还知 $-\lambda x \in \beta K$，从而有 $|\lambda| x \in \beta K$. 于是有 $x \in \dfrac{\beta}{|\lambda|} K$，即 $P_K(x) \leqslant \dfrac{\beta}{|\lambda|}$，即 $\beta \geqslant |\lambda| P_K(x)$. 由 β 的任意性知 $P_K(\lambda x) \geqslant |\lambda| P_K(x)$.

综合上述得
$$P_K(\lambda x) = |\lambda| P_K(x) \quad (\forall \lambda \in \mathbf{R}, \lambda \neq 0)$$
当 $\lambda = 0$ 时，$P_K(\lambda x) = 0 | \lambda | P_K(x) = 0$，从而
$$P_K(\lambda x) = |\lambda| P_K(x) \quad (\lambda = 0)$$
于是 $\qquad P_K(\lambda x) = |\lambda| P_K(x) \quad (\forall \lambda \in \mathbf{R})$

证毕.

定理 2.1 设 X 是线性空间，K 是 X 中含点 θ 的吸收的凸集，$P_K(x)$ 是关于 K 的闵可夫斯基泛函，则

(1) $x \in K \Rightarrow P_K(x) \leqslant 1$；

(2) $P_K(x) < 1 \Rightarrow x \in K$.

证明 (1) 因为 $x \in K$，即 $x \in 1 \cdot K$，所以有 $P_K(x) \leqslant 1$.

(2) 若 $P_K(x) < 1$，则必存在 α，$0 < \alpha < 1$，且 $x \in \alpha K$，即 $\dfrac{1}{\alpha} x \in K$. 又由 K 是凸集，故
$$\alpha \left(\dfrac{1}{\alpha} x \right) + (1 - \alpha) \cdot \theta \in K$$
即 $x \in K$. 证毕.

注意：$P_K(x) = 1$ 推不出 $x \in K$.

例如：设 X 是线性空间，$K = o(\theta, 1) = \{x \mid x \in X, \|x\| < 1\}$，即 x_0 使 $\|x_0\| = 1$，则有 $P_K(x_0) = 1$，但 $x_0 \notin K$.

定理 2.2 设 $(X, \|\cdot\|)$ 是赋范线性空间，K 是 X 中的凸集，$\theta \in \overset{\circ}{K}$（$\theta$ 是 K 的内点），则关于 K 的闵可夫斯基泛函 $P_K(x)$ 是连续的.

证明 首先 $P_K(x)$ 是有界泛函，即存在 $\delta > 0$ 使 $\forall x \in X$，$x \neq \theta$，皆有 $P_K(x) \leqslant \dfrac{1}{\delta} \|x\| \left(P_K(\theta) = 0 = \dfrac{\|\theta\|}{\delta} \text{ 显然} \right)$.

事实上，$\theta \in \overset{\circ}{K}$，故存在 $\delta > 0$ 使 $S(\theta, \delta) \subset K$（$S(\theta, \delta) = \{x \mid \|x\| \leqslant \delta, x \in X\}$），于是 $\forall x \in X, x \neq \theta$，均有 $\dfrac{\delta x}{\|x\|} \in S(\theta, \delta) \subset K$. 由定理 2.1 知 $P_K \left(\dfrac{\delta x}{\|x\|} \right) = \dfrac{\delta}{\|x\|} P_K(x) \leqslant 1$，即 $P_K(x) \leqslant \dfrac{\|x\|}{\delta}$. 从而 $P_K(x) \leqslant \dfrac{\|x\|}{\delta}$，$\forall x \in X$.

其次，$\forall x_0 \in X$，有

$$P_K(x) - P_K(x_0) \leqslant P_K(x - x_0) \leqslant \frac{\|x - x_0\|}{\delta}$$

同样也有

$$P_K(x_0) - P_K(x) \leqslant P_K(x_0 - x) \leqslant \frac{\|x_0 - x\|}{\delta} = \frac{\|x - x_0\|}{\delta}$$

故有

$$|P_K(x) - P_K(x_0)| \leqslant \frac{\|x - x_0\|}{\delta}$$

所以 $P_K(x)$ 是连续的.

证毕.

定理 2.3 设 $(X, \|\cdot\|)$ 是赋范线性空间，K 是 X 中凸集，$\theta \in \mathring{K}$，$P_K(x)$ 是关于 K 的闵可夫斯基泛函，则

(1) $\overline{K} = \{x \mid P_K(x) \leqslant 1, x \in X\}$；

(2) $\mathring{K} = \{x \mid P_K(x) < 1, x \in X\}$.

证明 (1) 记 $K_2 = \{x \mid P_K(x) \leqslant 1, x \in X\}$，首先有 $\overline{K} \subset K_2$，事实上，$\forall x_0 \in \overline{K}$，都存在 $x_n \in K, n = 1, 2, \cdots$，使得 $x_n \to x_0$ $(n \to +\infty)$. 由定理 2.2 知 $P_K(x)$ 是连续的，故 $P_K(x_n) \to P_K(x_0)(n \to +\infty)$. 又由定理 2.1 知 $P_K(x_n) \leqslant 1$，从而 $P_K(x_0) \leqslant 1$，于是 $x_0 \in K_2$. 所以有 $\overline{K} \subset K_2$.

反之又有 $\overline{K} \supset K_2$. 因为 $\forall x'_0 \in K_2$，取 $x_n = \left(1 - \frac{1}{n}\right)x'_0, n = 1, 2, \cdots$，显然有 $x_n \to x'_0 (n \to +\infty)$.

由 $P_K(x'_0) \leqslant 1$ 知 $P_K(x_n) = \left(1 - \frac{1}{n}\right)P_K(x'_0) < 1$，于是

$$x_n \in K, n = 1, 2, \cdots$$

从而 $x'_0 \in \overline{K}$，即 $\overline{K} \supset K_2$.

由以上证明即得 $\overline{K} = K_2$，即

$$\overline{K} = \{x \mid P_K(x) \leqslant 1, x \in X\}$$

(2) 记 $K_1 = \{x \mid P_K(x) < 1, x \in X\}$，先证 $\mathring{K} \subset K_1$. 事实上，$\forall x \in \mathring{K}$，都存在 $\delta, 0 < \delta < 1$，使得 $\frac{x}{1-\delta} \in K$，即 $x \in (1-\delta)K$，于是 $P_K(x) \leqslant 1 - \delta < 1$，从而 $x \in K_1$. 因此 $\mathring{K} \subset K_1$.

再证 $\mathring{K} \supset K_1$. 事实上，$\forall x_0 \in K_1$，有 $P_K(x_0) < 1$，记 $P_K(x_0) = \alpha$. 因为 $P_K(x)$ 在 x_0 是连续的，所以对于 $1 - \alpha > 0$，必存在 $\delta > 0$，使得只要 $\|x - x_0\| < \delta$，就有 $|P_K(x) - P_K(x_0)| < 1 - \alpha$，从而 $P_K(x) < 1, x \in K$. 于是对 $\forall x_0 \in K_1$，有 $o(x_0, \delta) \subset K$，所以 $x_0 \in \mathring{K}$，即 $\mathring{K} \supset K_1$.

综合上述可得 $\overset{\circ}{K}=K_1$,即
$$\overset{\circ}{K}=\{x\mid P_K(x)<1,x\in X\}$$
证毕.

推论 设 X 是线性赋范空间,K 是 X 中含内点的凸集,则 $\overline{\overset{\circ}{K}}=\overline{K}$.

证明 不妨设内点就是 θ(否则可作一平移变换使内点变为 θ).

首先,由 $\overset{\circ}{K}\subset K$ 知 $\overline{\overset{\circ}{K}}\subset\overline{K}$.

其次,有 $\overline{\overset{\circ}{K}}\supset\overline{K}$. 事实上,$\forall x\in\overline{K}$,有 $P_K(x)\leqslant 1$. 若 $P_K(x)<1$,则 $x\in\overset{\circ}{K}\subset\overline{\overset{\circ}{K}}$.

若 $P_K(x)=1$,令 $x_n=\left(1-\dfrac{1}{n}\right)x$,$n=1,2,\cdots$,因为 $P_K(x_n)=\left(1-\dfrac{1}{n}\right)P_K(x)<1$,所以 $x_n\in\overset{\circ}{K}$,而 $x_n\to x(n\to+\infty)$,故 $x\in\overline{\overset{\circ}{K}}$.

由上述证明可知 $\overline{\overset{\circ}{K}}=\overline{K}$.

证毕.

注 若把定理 2.2 和定理 2.3 中的条件"$(X,\|\cdot\|)$ 是赋范线性空间"换成"$(X,\|\cdot\|)$ 是 (F^*) 空间",定理的结论仍然成立.

(F^*) 空间的定义请见定义 3.2.

3. 闵可夫斯基泛函的一个应用
—— 非零连续线性泛函的存在性

定义 3.1 （(B^*) 空间与 (B) 空间）称线性赋范空间 $(X,\|\cdot\|)$ 为 (B^*) 空间,称巴拿赫(Banach)空间为 (B) 空间.

定义 3.2 （(F^*) 空间与 (F) 空间）设 X 是数域 Y 上的线性空间,$\|\cdot\|:X\to\mathbf{R}$ 是定义在 X 上的实函数,且满足

(1) $\|x\|=0\Leftrightarrow x=0$;$\|x\|\geqslant 0$,$\forall x\in X$;

(2) $\|x+y\|\leqslant\|x\|+\|y\|$,$\forall x,y\in X$;

(3) $\|-x\|=\|x\|$,$\forall x\in X$;

(4) $\lim\limits_{\alpha_n\to 0}\|\alpha_n x\|=0$,$\forall x\in X$;$\lim\limits_{\|x_n\|\to 0}\|\alpha x_n\|=0$,$\forall \alpha\in Y$;

则称 $\|\cdot\|$ 为 X 上的一个准范数,称 $(X,\|\cdot\|)$ 为准赋范线性空间.

称准赋范线性空间为(F^*)空间,称完备的(F^*)空间为(F)空间.

例 3.1 设 $X = \{x \mid x = (\xi_1, \xi_2, \cdots, \xi_n, \cdots), \xi_n \in \mathbf{R}\}$,记 $\|x\| = \sum_{n=1}^{\infty} \frac{1}{2^n} \frac{|\xi_n|}{1+|\xi_n|}$,则 $\|\cdot\|$ 为 X 上的一个准范数,$(X, \|\cdot\|)$ 为 (F) 空间.

证明 首先,由上述定义易知:

(1) $\|x\| = 0 \Leftrightarrow x = 0$;$\|x\| \geq 0, \forall x \in X$;

(3) $\|-x\| = \|x\|, \forall x \in X$.

其次,来证(2)成立.

$\forall x, y \in X$,有

$$x = (\xi_1, \xi_2, \cdots, \xi_n, \cdots), \xi_n \in \mathbf{R}$$
$$y = (\eta_1, \eta_2, \cdots, \eta_n, \cdots), \eta_n \in \mathbf{R}$$

欲使 $\|x+y\| \leq \|x\| + \|y\|$,即

$$\sum_{n=1}^{\infty} \frac{1}{2^n} \frac{|\xi_n + \eta_n|}{1 + |\xi_n + \eta_n|} \leq \sum_{n=1}^{\infty} \frac{1}{2^n} \frac{|\xi_n|}{1+|\xi_n|} + \sum_{n=1}^{\infty} \frac{1}{2^n} \frac{|\eta_n|}{1+|\eta_n|}$$

只要

$$\frac{|\xi_n + \eta_n|}{1+|\xi_n+\eta_n|} \leq \frac{|\xi_n|}{1+|\xi_n|} + \frac{|\eta_n|}{1+|\eta_n|}, \forall n=1,2,\cdots \quad (7)$$

而欲使(7)成立,只要

$$\frac{|\xi_n + \eta_n|}{1+|\xi_n+\eta_n|} \leq \frac{|\xi_n|+|\eta_n|}{1+|\xi_n|+|\eta_n|}, \forall n=1,2,\cdots \quad (8)$$

由此,欲证 $\|x+y\| \leq \|x\| + \|y\|$,只要证明式(8)成立即可.事实上,令 $\varphi(u) = \frac{u}{1+u}$,由于 $\varphi'(u) = \frac{1+u-u}{(1-u)^2} = \frac{1}{(1+u)^2} > 0$,所以 $\varphi(u)$ 为严格单增函数,从而由 $|\xi_n+\eta_n| \leq |\xi_n|+|\eta_n|$ 知式(8)显然成立,于是 $\|x+y\| \leq \|x\|+\|y\|$,即(2)成立.

再次,来证(4)成立.

先证 $\lim_{\|x_n\| \to 0} \|\alpha x_n\| = 0, \forall \alpha \in Y$.

事实上,$\forall \alpha \in Y$,由

$$\frac{\alpha \beta}{1+\alpha \beta} \leq \begin{cases} \alpha \dfrac{\beta}{1+\beta}, & \alpha \geq 1, \beta > 0 \\ \dfrac{\beta}{1+\beta}, & \alpha < 0, \beta > 0 \end{cases}$$

知 $\|\alpha x_n\| \leq \max\{|\alpha|, 1\} \|x_n\|$,又由 $\lim_{n \to \infty} \|x_n\| = 0$,知 $\lim_{\|x_n\| \to 0} \|\alpha x_n\| = 0, \forall \alpha \in Y$.

再证 $\lim_{\alpha_n \to 0} \|\alpha_n x\| = 0, \forall x \in X$.事实上

$$\forall x \in X, \|\alpha_n x\| = \sum_{i=1}^{\infty} \frac{1}{2^i} \frac{|\alpha_n x_i|}{1+|\alpha_n x_i|} =$$

$$\sum_{i=1}^{m_1} \frac{1}{2^i} \frac{|\alpha_n x_i|}{(1+|\alpha_n x_i|)} + \sum_{i=m_1+1}^{\infty} \frac{1}{2^i} \frac{|\alpha_n x_i|}{1+|\alpha_n x_i|}$$

这里,m_1 可为任一正整数.

对于 $\forall \varepsilon > 0$,由 $\sum_{i=1}^{\infty} \frac{1}{2^i}$ 收敛知:存在正整数 m_0,使得

$$\sum_{i=m_0+1}^{\infty} \frac{1}{2^i} < \frac{\varepsilon}{2}$$

从而

$$\sum_{i=m_0+1}^{\infty} \frac{1}{2^i} \frac{|\alpha_n x_i|}{1+|\alpha_n x_i|} < \frac{\varepsilon}{2}$$

而对上述 ε 和 m_0,又由 $\lim\limits_{n\to\infty} \alpha_n = 0$ 知,必存在正整数 N,使得当 $n > N$ 时,有

$$|\alpha_n| \max\{|x_1|, |x_2|, \cdots, |x_{m_0}|\} \sum_{i=1}^{m_0} \frac{1}{2^i} < \frac{\varepsilon}{2}$$

于是对 $\forall \varepsilon > 0$,存在正整数 N,使得当 $n > N$ 时,有

$$\|\alpha_n x\| = \sum_{i=1}^{\infty} \frac{1}{2^i} \frac{|\alpha_n x_i|}{1+|\alpha_n x_i|} =$$

$$\sum_{i=1}^{m_0} \frac{1}{2^i} \frac{|\alpha_n x_i|}{1+|\alpha_n x_i|} + \sum_{i=m_0+1}^{\infty} \frac{1}{2^i} \frac{|\alpha_n x_i|}{1+|\alpha_n x_i|} \leqslant$$

$$\sum_{i=1}^{m_0} \frac{1}{2^i} |\alpha_n x_i| + \sum_{i=m_0+1}^{\infty} \frac{1}{2^i} <$$

$$\frac{\varepsilon}{2} + \frac{\varepsilon}{2} = \varepsilon$$

从而 $\lim\limits_{\alpha_n \to 0} \|\alpha_n x\| = 0, \forall x \in X$.

至此,$\|\cdot\|$ 为 X 上的一个准范数已经证明,以下我们只要证明这个空间是完备的就可以了.

设 $\{x^{(m)}\}$ 是 $(X, \|\cdot\|)$ 中的柯西列,则

$$\|x^{(m+p)} - x^{(m)}\| \to 0 (m \to \infty)$$

且对 $P \in \mathbf{N}$ 是一致收敛的,$\mathbf{N}$ 是自然数集.

于是对任意给定的 n_0,有 $|x_{n_0}^{(m+p)} - x_{n_0}^{(m)}| \to 0 (m \to \infty)$,对 $P \in \mathbf{N}$ 一致收敛. 从而 $\{x_{n_0}^{(m)}\}$ 是柯西列,于是存在 $x_{n_0}^* \in \mathbf{R}$ 使得 $x_{n_0}^{(m)} \to x_{n_0}^* (m \to \infty)$.

记 $x^* = (x_1^*, x_2^*, \cdots, x_n^*, \cdots)$,我们来证

$$x^{(m)} \xrightarrow{\|\cdot\|} x^*, m \to \infty$$

事实上,$\forall \varepsilon > 0$,由 $\sum_{i=1}^{\infty} \frac{1}{2^i}$ 收敛知,存在 N,使 $\sum_{i=N+1}^{\infty} \frac{1}{2^i} < \frac{\varepsilon}{2}$,而对这个 N 和上述 ε,又存在 M 使得 $m > M$ 时有

$$|x_i^{(m)} - x_i^*| < \frac{\varepsilon}{2}, i = 1, 2, \cdots, N$$

于是，$\forall \varepsilon > 0$，存在 M，当 $m > M$ 时有

$$\|x^{(m)} - x^*\| = \sum_{i=1}^{\infty} \frac{1}{2^i} \cdot \frac{|x_i^{(m)} - x_i^*|}{1+|x_i^{(m)} - x_i^*|} =$$

$$\sum_{i=1}^{N} \frac{1}{2^i} \cdot \frac{|x_i^{(m)} - x_i^*|}{1+|x_i^{(m)} - x_i^*|} + \sum_{i=N+1}^{\infty} \frac{1}{2^i} \frac{|x_i^{(m)} - x_i^*|}{1+|x_i^{(m)} - x_i^*|} \leq$$

$$\sum_{i=1}^{N} \frac{1}{2^i} |x_i^{(m)} - x_i^*| + \sum_{i=N+1}^{\infty} \frac{1}{2^i} <$$

$$\frac{\varepsilon}{2} + \frac{\varepsilon}{2} = \varepsilon$$

这样，我们就证明了空间 $(X, \|\cdot\|)$ 是完备的，从而 $(X, \|\cdot\|)$ 是 (F) 空间. 但显然它不是 (B^*) 空间，因为 $\|\cdot\|$ 不满足 $\|\alpha x\| = |\alpha| \cdot \|x\|, \forall x \in X, a \in Y$.

定义 3.3 （(B_0^*) 空间与 (B_0) 空间）设 X 是数域 Y 上的线性空间，$\|\cdot\|: X \to \mathbf{R}$ 满足

(1) $\|x\| \geq 0, x \in X; \|\theta\| = 0$；

(2) $\|x+y\| \leq \|x\| + \|y\|, \forall x, y \in X$；

(3) $\|\alpha x\| = |\alpha| \|x\|, \forall \alpha \in Y, x \in X$.

则称 $\|\cdot\|$ 为定义在 X 上的一个拟范数.

又设 $\|\cdot\|_n, n=1,2,\cdots$ 是 X 上的一列拟范数，令 $\|x\| = \sum_{n=1}^{\infty} \frac{1}{2^n} \frac{\|x\|_n}{1+\|x\|_n}$，则易证 $\|\cdot\|$ 是 X 上的一个准范数，若由 $\|x\|_n = 0, n=1,2,\cdots \Rightarrow x = \theta$. 称以上定义的准范数为 (B_0) 型准范数，称此时的空间 $(X, \|\cdot\|)$ 为 (B_0^*) 空间，称完备的 (B_0^*) 空间为 (B_0) 空间.

在例 3.1 中，令 $\|x\|_n = |x_n|, x=(x_1, x_2, \cdots, x_n, \cdots)$，则易知 $\|\cdot\|_n$ 为 X 中一列拟范数，且由 $\|x\|_n = 0, n=1,2,\cdots \Rightarrow x = \theta$，故 $\|x\| = \sum_{n=1}^{\infty} \frac{1}{2^n} \frac{|x_n|}{1+|x_n|} = \sum_{n=1}^{\infty} \frac{\|x\|_n}{1+\|x\|_n}$ 是 X 上的 (B_0) 型准范数，从而 $(X, \|\cdot\|)$ 是 (B_0^*) 空间，又它是完备的，从而它是 (B_0) 空间.

下面讨论 $(B^*), (B_0^*), (F^*)$ 三类空间之间的关系.

定义 3.4 设 $\|\cdot\|_1$ 与 $\|\cdot\|_2$ 是 X 上的两个拟范数（或准范数），称 $\|\cdot\|_2$ 比 $\|\cdot\|_1$ 强是指由 $\|x_n\|_2 \to 0 (n \to \infty)$ 能推出 $\|x_n\|_1 \to 0 (n \to \infty)$. 称 $\|\cdot\|_1$ 与 $\|\cdot\|_2$ 等价是指 $\|\cdot\|_1$ 比 $\|\cdot\|_2$ 强，同时 $\|\cdot\|_2$ 也比 $\|\cdot\|_1$ 强.

定理 3.1 (1) 设 $\|\cdot\|'$ 是 X 中拟范数，$\|x\| = \sum_{n=1}^{\infty} \frac{1}{2^n} \frac{\|x\|_n}{1+\|x\|_n}$ 是 (B_0) 型准范数，则 $\|\cdot\|$ 比 $\|\cdot\|'$ 强 $\Leftrightarrow$ 存在正整数 n 及常数 C 使 $\|x\|' \leq C\|x\|_n, x \in X$，（即存在拟范数 $\|\cdot\|_n$ 比 $\|\cdot\|'$ 强）这里 $C > 0$.

(2) 设 $\|x\|'' = \sum_{n=1}^{\infty} \frac{1}{2^n} \frac{\|x\|''_n}{1+\|x\|''_n}$ 与 $\|x\| = \sum_{n=1}^{\infty} \frac{1}{2^n} \frac{\|x\|_n}{1+\|x\|_n}$ 是两个 (B_0) 型准范数,则 $\|\cdot\|$ 比 $\|\cdot\|''$ 强 $\Leftrightarrow \forall$ 自然数 K,存在自然数 n_K 及常数 $C_K > 0$,使 $\|x\|''_K \leqslant C_K \|x\|_{n_K}, x \in X, K = 1, 2, \cdots$.

(3) 设 $\|\cdot\|'''$ 与 $\|\cdot\|'$ 是两个拟范数,则二者等价 $\Leftrightarrow$ 存在常数 $C_1 > 0$ 和 $C_2 > 0$ 使
$$C_1 \|x\|''' \leqslant \|x\|' \leqslant C_2 \|x\|''', \forall x \in X$$

证明 先证 (1) 成立.

必要性:若存在正整数 n 及常数 $C > 0$ 使得 $\|x\|' \leqslant C\|x\|_n, x \in X$,则由 $\|x_K\|_n \to 0 (K \to \infty)$ 易知 $\|x_K\|' \to 0 (K \to \infty)$,于是由 $\|x_K\| \to 0 (K \to \infty)$,我们可得到 $\|x_K\|_n \to 0 (K \to \infty)$,从而 $\|x_K\|' \to 0 (K \to \infty)$,即 $\|\cdot\|$ 比 $\|\cdot\|'$ 强.

充分性:若 $\|\cdot\|$ 比 $\|\cdot\|'$ 强,但不存在自然数 n 及常数 $C > 0$ 使 $\|x\|' \leqslant C\|x\|_n, x \in X$,则对每个自然数 K 都必有一个 $x_K \in X$ 使 $\|x_K\|' \geqslant R\|x_K\|_K$,令 $y_K = \frac{x_K}{\sqrt{R}\|x_K\|_K}$ 不妨设 $\|x\|_1 \leqslant \|x\|_2 \leqslant \cdots \leqslant \|x\|_n \leqslant \cdots, x \in X$. 否则令 $\|x\|_n^* = \sup_{1 \leqslant p \leqslant n} \|x\|_p$,则有
$$\|x\|_1^* \leqslant \|x\|_2^* \leqslant \cdots \leqslant \|x\|_n^* \leqslant \cdots$$
且 $\|x\|^* = \sum_{n=1}^{\infty} \frac{1}{2^n} \frac{\|x\|_n^*}{1+\|x\|_n^*}$ 与 $\|x\| = \sum_{n=1}^{\infty} \frac{1}{2^n} \frac{\|x\|_n}{1+\|x\|_n}$ 等价.

一方面,当 $K \geqslant n$ 时,有
$$\|y_K\|_n = \frac{\|x_K\|_n}{\sqrt{R}\|x_K\|_K} \leqslant \frac{1}{\sqrt{K}}$$
从而有
$$\|y_K\| = \sum_{n=1}^{\infty} \frac{1}{2^n} \frac{\|y_K\|_n}{1+\|y_K\|_n} =$$
$$\sum_{n=1}^{K} \frac{1}{2^n} \frac{\|y_K\|_n}{1+\|y_K\|_n} + \sum_{n=K+1}^{\infty} \frac{1}{2^n} \frac{\|y_K\|_n}{1+\|y_K\|_n} \leqslant$$
$$\left(\sum_{n=1}^{K} \frac{1}{2^n}\right) \frac{1}{\sqrt{K}} + \sum_{n=K+1}^{\infty} \frac{1}{2^n} \to 0 (K \to \infty)$$
即 $\|y_K\| \to 0 (K \to \infty)$.

另一方面,$\|y_K\|' = \frac{\|x_K\|'}{\sqrt{K}\|x_K\|_K} \geqslant \frac{K\|x_K\|_K}{\sqrt{K}\|x_K\|_K} = \sqrt{K} \to 0 (K \to \infty)$,与前 $\|y_K\| \to 0 (K \to \infty)$ 比较知 $\|\cdot\|$ 不比 $\|\cdot\|'$ 强,故与假设矛盾.

(1) 证毕.

至于(2),(3)都是(1)的推论,证明略.

在拟范数或准范数等价的意义下,有以下结论
$$(B^*) \supsetneq (B_0^*) \supsetneq (F^*)$$

首先,$(B^*) \to (B_0^*)$.

若 $\|\cdot\|$ 是 X 上的范数,令 $\|x\|_n' = \|x\|$,则 $\|x\|' = \sum_{n=1}^{\infty} \frac{1}{2^n} \frac{\|x\|_n'}{1+\|x\|_n'}$ 是 X 上的 (B_0) 型准范数,且 $\|\cdot\|'$ 与 $\|\cdot\|$ 等价.

$(B_0^*) \to (F^*)$,这是显然的,因为 (B_0) 型准范数一定是准范数.

其次,$(B_0^*) \nrightarrow (B^*)$.

例 3.2 设 $X = C(-\infty, +\infty)$,令 $\|x\|_n = \max_{-n \leqslant t \leqslant n} |x(t)|$,$n = 1, 2, \cdots$,记 $\|x\| = \sum_{n=1}^{\infty} \frac{1}{2^n} \frac{\|x\|_n}{1+\|x\|_n}$,则 $\|\cdot\|$ 为 X 上的 (B_0) 型准范数.

事实上,易证 $\|\cdot\|_n$,$n = 1, 2, \cdots$ 是 X 上的一列拟范数,且由 $\|x\|_n = 0$,$n = 1, 2, \cdots$,可推出 $x = \theta$.

于是,$(X, \|\cdot\|)$ 为 (B_0^*) 空间.但我们还可证明,在 X 上再赋一个与 $\|\cdot\|$ 等价的范数 $\|\cdot\|'$ 是不可能的.

事实上,若存在与准范数 $\|\cdot\|$ 等价的范数 $\|\cdot\|'$,显然 $\|\cdot\|'$ 也是拟范数,则存在自然数 n_0 及常数 $C > 0$ 使得 $\|x\|' \leqslant C\|x\|_{n_0}$,$\forall x \in X$.取一点 $x_0 \in C(-\infty, +\infty)$,使 $\|x_0\|_{n_0} = 0$,但 $x_0 \neq 0$,由 $\|x\|' \leqslant C\|x\|_{n_0}$,$\forall x \in X$ 知 $\|x_0\|' = 0$,但 $\|\cdot\|'$ 是范数,于是有 $x_0 = \theta$,这与上面 x_0 的取法矛盾.故假设错误,从而我们证明了 $(B_0^*) \nrightarrow (B^*)$.

至于 $(F^*) \nrightarrow (B_0^*)$,则由以下定理 3.4 和例 3.3 不难看出.

定理 3.2 (哈恩—巴拿赫定理)设 X 是实(或复)数域上的线性空间,$p(x)$ 是 X 上的拟范数,X_0 是 X 的线性子空间,f_0 是 X_0 上的线性泛函且满足:$|f_0(x)| \leqslant p(x)$,$\forall x \in X_0$ 则必存在 X 上的线性泛函 $f(x)$,满足:

(1) $|f(x)| \leqslant p(x)$,$\forall x \in X$;

(2) $f(x) = f_0(x)$,$\forall x \in X_0$.

证明略.

定理 3.3 设 X 是数域 Y 上的 (F^*) 空间,$X \neq \{\theta\}$,则 X 上有非零连续线性泛函 $f \Leftrightarrow X$ 中存在不空,对称,开,凸的真子集.

证明 充分性:设 $f(x)$ 是 X 上的非零连续线性泛函,令 $A \triangleq \{x \mid x \in X, |f(x)| < 1\}$,则可以证明 A 就是 X 中不

空,对称,开、凸的真子集.

(1)$A \neq \varnothing$.因 $f(\theta) = 0$,所以 $\theta \in A$.

(2)A 是对称的.因 $\forall x \in A$ 有 $|f(x)| < 1$,而 $|f(-x)| = |-f(x)| = |f(x)| < 1$,所以 $-x \in A$.

(3)A 是开集.因 $\forall x_0 \in A, f(x)$ 在 x_0 连续,于是对 $\varepsilon = 1 - |f(x_0)| > 0$,必存在 $\delta > 0$,使得当 $\|x - x_0\| < \delta$ 时,有 $|f(x) - f(x_0)| < \varepsilon$,于是
$$|f(x)| < |f(x_0)| + \varepsilon = |f(x_0)| + 1 - |f(x_0)| = 1$$
从而 $x \in A$.于是 x_0 为内点,由 x_0 的任意性知 A 为开集.

(4)A 为凸集. $\forall x, y \in A, 0 \leqslant \lambda \leqslant 1$,有 $|f(\lambda x + (1-\lambda)y)| = |\lambda f(x) + (1-\lambda)f(y)| \leqslant |\lambda f(x)| + |(1-\lambda)f(y)| < \lambda + (1-\lambda) = 1$,从而 $\lambda x + (1-\lambda)y \in A$,即 A 为凸集.

(5)A 为真子集.事实上,$f(x)$ 不恒为 0,于是存在 $x_0 \in X$ 使 $f(x_0) \neq 0$,取 $x = \dfrac{2x_0}{f(x_0)} \in X$,有 $f(x) = \dfrac{2f(x_0)}{f(x_0)} = 2$,故 $x \notin A$.

必要性:设 A 是 X 中不空,对称,开、凸的真子集,则 $\theta \in A$,且 θ 是 A 的内点,当然 A 是吸收集.

事实上, A 不空,则必存在 $x_0 \in A$,又 A 对称,故 $-x_0 \in A$,而 A 凸,所以 $\theta = \dfrac{1}{2}x_0 + \left(1 - \dfrac{1}{2}\right)(-x_0) \in A$. A 还为开集,于是 θ 是其内点,从而 A 还为吸收集.

考虑关于 A 的闵可夫斯基泛函 $p_A(x)$,则

(1)$p_A(x)$ 不恒为 0.事实上, A 是 X 的真子集,故存在 $x_0 \in X - A$,有 $p_A(x_0) \geqslant 1$.

(2)$p_A(x)$ 是连续的.因 $\theta \in \overset{\circ}{A}$,由定理 2.2 可知.

(3)$p_A(x)$ 是 X 上的拟范数.因为 A 对称,由闵可夫斯基泛函的性质(3)可得.

取 $x_0 \in X$,使 $p_A(x_0) \neq 0$,记 X_0 为由 x_0 张成的线性子空间,即 $X_0 = \{\lambda x_0 \mid \lambda \in Y\}$.

令 $f_1(x) \triangleq \lambda p_A(x_0), x \in X_0, x = \lambda x_0$,则 $f_1(x)$ 是 X_0 上的非零线性连续泛函.

事实上, $\forall x, y \in X_0$,有 $x = \lambda x_0, y = \mu x_0$,对 $\forall \alpha, \beta \in Y$,有
$$f_1(\alpha x + \beta y) = f((\alpha \lambda + \beta \mu) x_0) =$$
$$(\alpha \lambda + \beta \mu) p_A(x_0) = \alpha \lambda p_A(x_0) + \beta \mu p_A(x_0) =$$
$$\alpha p_A(\lambda x_0) + \beta p_A(\mu x_0) = \alpha f_1(x) + \beta f_1(y)$$
从而 $f_1(x)$ 是线性的.

$f_1(x)$ 的非零性显然.

以下只需证 $f_1(x)$ 是连续的即可.

事实上, $\forall x \in X_0, x = \lambda x_0$,有 $f_1(x) = \lambda p_A(x_0) \leqslant$

$|\lambda| P_A(x_0) = P_A(x)$,而 $-f_1(x) = f_1(-x) \leqslant P_A(-x) = P_A(x)$,所以有 $|f_1(x)| \leqslant P_A(x)$,于是 $\forall \bar{x} \in X_0$,有 $|f_1(x) - f_1(\bar{x})| = |f_1(x - \bar{x})| \leqslant P_A(x - \bar{x}) \to 0 (x \to \bar{x}$ 时). 从而由 $P_A(x)$ 的连续性知 $f_1(x)$ 是连续的.

最后,由定理 3.2 知存在 X 上的线性泛函 $F(x)$ 满足:

(1) $F(x) = f_1(x), \forall x \in X_0$;

(2) $|F(x)| \leqslant P_A(x), \forall x \in X$.

这里,(1) 保证了 $F(x)$ 的非零性,(2) 保证了 $F(x)$ 的连续性,从而 $F(x)$ 是 X 上的非零线性连续泛函.

证毕.

以下给出一个无非零连续线性泛函的 (F^*) 空间.

例 3.3 设 $S[0,1]$ 表示 $[0,1]$ 上使积分 $\|x\| = \int_0^1 \frac{|x(t)|}{1+|x(t)|} dt$ 有意义的一切函数 $x(t)$ 的集,易知: $\|\cdot\|$ 是 $S[0,1]$ 上的准范数,从而 $(S[0,1], \|\cdot\|)$ 是 (F^*) 空间.

今证明 $S[0,1]$ 中非空的、对称、开、凸的子集 U 必是 $S[0,1]$.

事实上,由于 U 是不空,对称,开的凸集,所以有 $\theta \in U$,且 θ 是 U 的内点,于是存在球 $S(\theta, \varepsilon) \subset U$.

以下证明 $\forall x_0 \in S[0,1]$,有 $x_0 \in U$.

取 $n > \frac{1}{\varepsilon}$,令

$$x_K(t) = \begin{cases} nx_0(t), \dfrac{K-1}{n} \leqslant t \leqslant \dfrac{K}{n} \\ 0, t < \dfrac{K}{n} \text{ 或 } t > \dfrac{K-1}{n}, K = 1, 2, \cdots n \end{cases}$$

则

$$\|x_K\| = \int_0^1 \frac{|x_K(t)|}{1+|x_K(t)|} dt = \int_{\frac{K-1}{n}}^{\frac{K}{n}} \frac{n|x_0(t)|}{1+n|x_0(t)|} dt \leqslant \frac{1}{n} < \varepsilon$$

即 $x_K \in S(\theta, \varepsilon) \subset U, K = 1, 2, \cdots, n$.

由 U 是凸集知 $x_0 = \dfrac{1}{n} \sum_{K=1}^n x_K \in U$,又由 x_0 的任意性便知 $S[0,1] \in U$.

以上我们证明了在 (F^*) 空间 $(S[0,1], \|\cdot\|)$ 中,不存在非空、凸、对称、开的真子集. 由定理 3.3 知,在 $(S[0,1], \|\cdot\|)$ 中不存在非零连续线性泛函. 也就是说,的确存在非零连续线性泛函. 也就是说,的确存在无非零连续线性泛函的 (F^*) 空间.

定理 3.4 设 X 是 (B_0^*) 空间,$X \neq \{\theta\}$,则其上必存在非零连续线性泛函.

证明 设 $\|x\| = \sum_{n=1}^{\infty} \frac{1}{2^n} \frac{\|x\|_n}{1+\|x\|_n}$ 是 X 上的 (B_0) 型准范数,即 $\|\cdot\|_n, n=1,2,\cdots$ 是 X 上的一列拟范数,且由 $\|x\|_n = 0$, $n=1,2,\cdots$ 知 $x=\theta$.

$\forall x_0 \in X, x_0 \neq \theta$,必存在最小的自然数 n_0 使 $\|x_0\|_{n_0} \neq 0$,记 $X_0 = \{x \mid x = \lambda x_0, \lambda \in (-\infty, +\infty)\}$,在 X_0 上令 $f(x) = \lambda \|x_0\|_{n_0}, x \in X_0, x = \lambda x_0$,则易知 $f(x)$ 是 X_0 上的不恒为零的线性泛函,且 $|f(x)| \leqslant \|x\|_{n_0}, \forall x \in X_0$. 这样的 $f(x)$ 还是连续的,因为 $\forall x_0 \in X_0$,当 $\|x - x_0\| \to 0$ 时有 $\|x - x_0\|_{n_0} \to 0(x \to x_0)$,于是由 $|f(x) - f(x_0)| = |f(x - x_0)| \leqslant \|x - x_0\|_{n_0} \to 0(x - x_0)$ 知 $f(x)$ 在 x_0 是连续的.

由定理 3.2 知存在 X 上的线性泛函 $F(x)$ 满足:

(1) $F(x) = f(x), \forall x \in X_0$;

(2) $|F(x)| \leqslant \|x\|_{n_0}, \forall x \in X$.

由(1)知 $F(x)$ 不恒为零,由(2)知 $F(x)$ 是连续的,从而 $F(x)$ 就是 X 上的非零连续线性泛函. 即 (B_0^*) 空间必存在非零连续线性泛函.

证毕.

4. 凸集分离定理

预备知识 —— 线性流形与超平面:

定义 4.1 设 X 是线性空间,E_0 是 X 的线性子空间,$x_0 \in X$,称 $E = E_0 + x_0$ 为线性流形. 可见所谓线性流形即线性子空间的一个平移. 而当 E_0 为极大线性子空间时,称 $E = E_0 + x_0$ 为极大线性流形或超平面;特别,当 X 是 (F^*) 空间时,我们还要求 E 是闭的.

如图 8,在 $\mathbf{R}^2$ 中,过原点的直线 l 是 $\mathbf{R}^2$ 的极大线性子空间,平行于直线 l 的直线 l_r 都是 $\mathbf{R}^2$ 的超平面. 亦即:$\mathbf{R}^2$ 中一切直线都是它的超平面. 可见超平面无非是平面上直线的一个推广.

设
$$l = \{x \mid x = (\xi, \eta) \in \mathbf{R}^2, a\xi + b\eta = 0\}$$
$$l_r = \{x \mid x = (\xi, \eta) \in \mathbf{R}^2, a\xi + b\eta = r\}$$

令 $f(x) = a\xi + b\eta$,则易证 $f(x)$ 是 $\mathbf{R}^2$ 上的线性连续泛函,且有 $l_r = \{x \mid f(x) = r\}$.

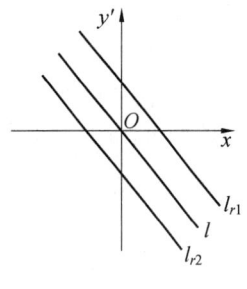

图 8

定理 4.1 (超平面表示定理)设 X 是 (B_0^*) 空间,则 L 是极大(闭)线性流形 $\Leftrightarrow$ 存在非零(连续)线性泛函 f 及数 r 使得 $L = H_f^r$,其中 $H_f^r = \{x \mid f(x) = r, x \in X\}$.

证明 必要性:若 $L = H_f^r$, f 是非零(连续)线性泛函.

首先,由 f 是连续的知 $H_f^0 = \{x \mid f(x) = 0, x \in X\}$ 是闭线性

子空间.

其次, H_f^0 还是极大线性子空间. 因为第一, 它是线性子空间; 第二, 它是真子空间(由 f 非零可知); 第三, 设 $M \supset H_f^0, M \neq H_f^0$, M 是 X 的线性子空间, 只要有 $M = X$ 即可.

事实上, $\forall x_1 \in M \setminus H_f^0$, 一方面, $M \supset M_1$, M_1 是由 x_1 和 H_f^0 张成的线性子空间. 另一方面, $M_1 \supset X$, 这是因为 $\forall x \in X$, 有 $x' = x - \dfrac{f(x)}{f(x_1)} x_1 \in H_f^0$, 于是 $x = x' + \dfrac{f(x)}{f(x_1)} x \in M_1$.

所以由 $M \supset M_1 \supset X$ 知 $M = X$. 从而 H_f^0 是极大闭线性子空间.

设 $f(x_1) = r_1 \neq 0$, 取 $x_0 = \dfrac{r}{r_1} x_1$, 则有 $H_f^r = H_f^0 + x_0$. 事实上, $\forall x \in H_f^0 + x_0$, 有 $x = x' + x_0, x' \in H_f^0$, 于是 $f(x) = f(x' + x_0) = f(x') + f(x_0) = r$, 从而 $x \in H_f^r$. 又 $\forall x \in H_f^r$, 有 $f(x) = r$, 而由 $x = (x - x_0) + x_0$, $(x - x_0) \in H_f^0$ (因为 $f(x - x_0) = f(x) - f(x_0) = 0$) 知 $x \in H_f^r + x_0$, 从而 $H_f^r = H_f^0 + x_0$, 于是 L 是极大线性闭流形.

充分性: 设 L 是 X 的极大线性(闭)流形, 即 $L = E_0 + x_0$, E_0 是 X 的极大线性(闭)子空间, $x_0 \in X \setminus E_0$, 欲证, 存在 X 上的非零(连续)线性泛函 f 及数 r 使得 $L = H_f^r$.

事实上, E_0 是极大线性子空间, 故 E_0 与 x_0 张成的线性子空间就是 X. 于是 $\forall x \in X$, 都有 $x = y + t x_0$ 其中 $y \in E_0, t \in (-\infty, +\infty)$, 且这样的表示法是唯一的.

注意到: $x \in L \Leftrightarrow x = y + x_0, y \in E_0$. 令 $f(x) = t, x \in X, x = y + t x_0$, 则显然 $f(x)$ 是 X 上的线性泛函, 且易知
$$x \in E_0 \Leftrightarrow f(x) = 0$$
$$x \in L \Leftrightarrow f(x) = 1$$

于是 $f(x)$ 为 X 上的非零线性泛函, 且 $L = H_f^1$.

由 L 是闭的还可推出 $f(x)$ 是连续的. 事实上, 由 $L = E_0 + x_0$ 是闭的知 E_0 是闭的. 设 $x_n = y_n + t_n x_0 \to x^* = y^* + t^* x_0 (n \to \infty)$, 则有 $t_n \to t^* (n \to \infty)$. 否则, 存在 $\varepsilon_0 > 0$ 和 n_K 使 $|t_{n_K} - t^*| \geq \varepsilon_0, K = 1, 2, \cdots$.

由 $y_n + t_n x_0 \to y^* + t^* x_0$ 知
$$y_{n_K} - y^* + (t_{n_K} - t^*) x_0 \to 0 \quad (K \to \infty)$$

从而 $\dfrac{y_{n_K} - y^*}{t_{n_K} - t^*} + x_0 \to 0$, 即 $\dfrac{y_{n_K} - y^*}{t_{n_K} - t^*} \to -x_0 \notin E_0$, 这与 y_n, y^* 的取法矛盾. 故 $t_n \to t^* (n \to \infty)$, 而 $f(x_n) = t_n, f(x^*) = t^*$, 即 $f(x_n) \to f(x^*), x_n \to x^*$. 所以 $f(x)$ 是连续的.

证毕.

推论 4.1 设 X 是线性空间,f,g 是 X 上的线性泛函且 $f \neq 0, g \neq 0$,若 f 与 g 有公共的零空间 M,则 $f = Kg$,其中 K 是常数.

证明 设 $g(x_0) \neq 0, x_0 \in X$,令 $x_1 = \dfrac{x_0}{g(x_0)}$,则有 $g(x_1) = 1$,于是 $\forall x \in X$,有 $x = x - g(x)x_1 + g(x)x_1$. 令 $y = x - g(x)x_1$,因为 $g(y) = g(x) - g(x)g(x_1) = g(x) - g(x) = 0$,所以 $y \in M$,从而有 $f(y) = 0$. 又 $\forall x \in X$,有 $x = x - g(x)x_1 + g(x)x_1 = y + g(x)x_1$,故 $f(x) = f(y) + g(x)f(x_1) = f(x_1)g(x)$. 令 $K = f(x_1)$,显然有 $f(x) = Kg(x), \forall x \in X$.

证毕.

引理 4.1 (角谷静夫引理)设 X 是线性空间,E, F 是 X 中两个凸集,满足 $E \cap F = \varnothing$,则存在凸集 A_0, B_0 使得 $A_0 \supset E, B_0 \supset F, A_0 \cap B_0 = \varnothing, A_0 \cup B_0 = X$.

证明 (1) 考虑集合

$M = \{(A, B) \mid E \subset A, F \subset B; A, B \text{ 是凸集}, A \cap B = \varnothing\}$

首先 M 不空,因为 $(E, F) \in M$.

其次,设 $(A_1, B_1), (A_2, B_2) \in M$,若有 $A_1 \subset A_2, B_1 \subset B_2$,则定义 $(A_1, B_1) < (A_2, B_2)$,于是 M 成了一个半序集. 又任取 M 的一个全序子集 $M_0 = \{(A_\alpha, B_\alpha), \alpha \in I\}$,$M_0$ 有上界 $\left(\bigcup\limits_{\alpha \in I} A_\alpha, \bigcup\limits_{\alpha \in I} B_\alpha\right)$,从而由佐恩引理,$M$ 中必存在极大元 (A_0, B_0). 显然,A_0, B_0 为 X 中的两个凸集,$A_0 \supset E, B_0 \supset F, A_0 \cap B_0 = \varnothing$.

(2) 下面证明 $A_0 \cup B_0 = X$.

事实上,若 $A_0 \cup B_0 \neq X$,则必有 $x_0 \in X \setminus (A_0 \cup B_0)$,于是 $[A_0 \cup \{x_0\}] \cap B_0 = \varnothing$,$[B_0 \cup \{x_0\}] \cap A_0 = \varnothing$ 这两个等式中至少有一个成立(图 9).

不妨设 $[A_0 \cup \{x_0\}] \cap B_0 = \varnothing$,因为 $[A_0 \cup \{x_0\}]$ 是集合 $A_0 \cup \{x_0\}$ 的凸包,故 $[A_0 \cup \{x_0\}]$ 是凸集,且包含 E,所以 $([A_0 \cup \{x_0\}], B_0) \in M$,这与 (A_0, B_0) 是 M 的极大元矛盾. 故 $A_0 \cup B_0 = X$.

在上面证明中我们用到了 $[A_0 \cup \{x_0\}] \cap B_0 = \varnothing$,$[B_0 \cup \{x_0\}] \cap A_0 = \varnothing$ 这两个等式中至少有一个成立的结论. 事实上,若上述两个等式均不成立则存在

$a_0 \in A_0, b_0 \in B_0, b_0 \in [a_0, x_0]$
$a_1 \in A_0, b_1 \in B_0, a_1 \in [b_1, x_0]$

线段 $[a_0, a_1]$ 与线段 $[b_0, b_1]$ 必相交,而这个交点必属于 $A_0 \cap B_0$,这与 $A_0 \cap B_0 = \varnothing$ 矛盾. 于是所证成立.

证毕.

定义 4.2 设 $H = H_f^r$ 是线性空间 X 中的一个超平面,E, F 是 X 中的集合,称 H 分离 E 与 F,如果

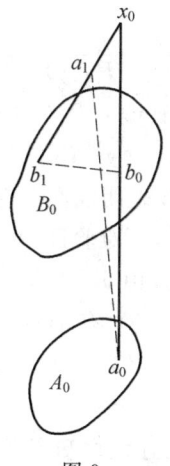

图 9

$$\begin{cases} x \in E \Rightarrow f(x) \geqslant r \quad (\text{或} \leqslant r) \\ x \in F \Rightarrow f(x) \geqslant r \quad (\text{或} \geqslant r) \end{cases}$$

当 $x \in E \Rightarrow f(x) \geqslant r(\leqslant r)$ 时，称 E 在 $H = H_f^r$ 的上（下）侧.

定理4.2 （艾德海(Eidelheit)凸集分离定理）设 X 是 (B_0^*) 空间，E 和 F 是 X 中的两个凸集，$E \cap F = \varnothing$，E 有内点，则存在超平面 H_f^r 分离 E 与 F.

证明 不妨设 $\theta \in E$，且 θ 是 E 的内点（否则可作平移使之成立）.

记 $P_E(x)$ 是关于 E 的闵可夫斯基泛函，$H = \overline{E} \cap \overline{F}$，则 $P_E(x)$ 和 H 有以下性质：

(1) H 是凸集且 $H = \{x \mid P_E(x) = 1\}$；

(2) $P_E(x)$ 是连续的，而且当 $P_E(x) > 0, P_E(y) > 0$ 时，有
$$P_E(x+y) = P_E(x) + P_E(y)$$

事实上，根据角谷静夫引理，我们不妨假设 $E \cup F = X$. 由定理2.2知，$P_E(x)$ 连续，而且有 $x \in \overline{E} \Leftrightarrow P_E(x) \leqslant 1, x \in \overline{F} \Leftrightarrow P_E(x) \geqslant 1$. 因为 E, F 为凸集，所以 $\overline{E}, \overline{F}$ 也为凸集，从而 $H = \overline{E} \cap \overline{F}$ 为凸集，且 $x \in H \Leftrightarrow P_E(x) = 1$，即 $H = \{x \mid P_E(x) = 1\}$. 又 $\forall x, y \in X$，只要 $P_E(x) > 0, P_E(y) > 0$，由
$$\frac{x}{P_E(x)} \in H, \frac{y}{P_E(y)} \in H$$

知
$$\frac{P_E(x)}{P_E(x)+P_E(y)} \cdot \frac{x}{P_E(x)} + \frac{P_E(y)}{P_E(x)+P_E(y)} \cdot \frac{y}{P_E(y)} \in H$$

即 $\dfrac{x+y}{P_E(x)+P_E(y)} \in H$，于是 $\dfrac{P_E(x+y)}{P_E(x)+P_E(y)} = 1$，即 $P_E(x+y) = P_E(x) + P_E(y)$.

记 $L = \{y \mid P_E(y) + P_E(-y) = 0\}$，则 L 有如下性质：

(1) L 是闭线性子空间.

首先，不难验证：$\forall x, y \in L \Rightarrow x + y \in L$.

其次，由 L 对称和 $P_E(x)$ 有正齐性，于是，$\forall x \in L, \alpha \in (-\infty, +\infty)$，有 $\alpha x \in L$.

最后，$\forall x_n \in L, x_n \to x_0 (n \to +\infty)$，由 $P_E(x_n) + P_E(-x_n) = 0$ 知 $P_E(x_n) = 0, n = 1, 2, \cdots$，从而 $P_E(x_n) \to 0 (n \to +\infty)$. 由 $P_E(x)$ 的连续性知 $P_E(x_n) \to P_E(x_0)(n \to +\infty)$，所以 $P_E(x_0) = 0$. 又 $P_E(-x_0) = \lim\limits_{n \to \infty} P_E(-x_n) = 0$，故 $x_0 \in L$，即 L 是闭的.

(2) $H = L + x_0, x_0 \in H$.

先证 $x_0 + L \subset H$. 事实上，$\forall x_1 \in L$，有 $x_0 + x_1 \in H$. 因为，一方面 $P_E(x_0 + x_1) \leqslant P_E(x_0) + P_E(x_1) = 1$，另一方面
$$P_E(x_0 + x_1) = P_E(x_0 + x_1) + P_E(-x_1) \geqslant$$

$$P_E(x_0 + x_1 - x_1) = P_E(x_0) = 1$$

所以 $P_E(x_0 + x_1) = 1$,从而 $x_0 + x_1 \in H$.

由 x_1 的任意性知 $x_0 + L \subset H$.

再证 $x_0 + L \supset H$. 事实上,$\forall x_1 \in H$,有 $x_1 = x_1 - x_0 + x_0$,只要证明 $x_1 - x_0 \in L$ 即可.

反证之. 若 $x_1 - x_0 \notin L$,则 $P_E(x_1 - x_0) > 0$ 或 $P_E(x_0 - x_1) > 0$,不妨设 $P_E(x_1 - x_0) > 0$,于是有 $P_E(x_1) = P_E(x_1 - x_0 + x_0) = P_E(x_1 - x_0) + P_E(x_0) > 1$,与 $x_1 \in H$ 矛盾($P_E(x_1 - x_0) > 0, P_E(x_0) = 1 > 0$,于是 $P_E(x_1 - x_0 + x_0) = P_E(x_1 - x_0) + P_E(x_0)$).

由 x_1 的任意性知 $x_0 + L \supset H$,由以上两方面有 $x_0 + L = H$,$x_0 \in L$.

(3) L 是 X 的极大线性子空间.

$\forall x_1 \in X \setminus L$,视 x_1 与 L 张成的线性子空间为 X_1,可以证明 $X_1 \supset X$. 事实上,$\forall x \in X$,若 $x \in L$,则 $x = x + 0 \cdot x_1 \in X_1$. 若 $x \notin L$,不妨设 $P_E(x) > 0$(不然 $P_E(-x) > 0$),同样设 $P_E(x_1) > 0$,于是

$$\frac{x}{P_E(x)}, \frac{x_1}{P_E(x_1)} \in H$$

由 $H = L + x_0$ 知:存在 $z, z_1 \in L$ 使得

$$\frac{x}{P_E(x)} = z + x_0, \frac{x_1}{P_E(x_1)} = z_1 + x_0$$

从而

$$\frac{x}{P_E(x)} = z + \frac{x_1}{P_E(x_1)} - z_1$$

$$x = P_E(x)(z - z_1) + \frac{P_E(x)}{P_E(x_1)} x_1 \in X_1 \quad (z - z_1 \in L)$$

由此 $X_1 = X$,即 L 是 X 的极大线性子空间,从而 H 是超平面.

以下我们证明 H 分离 E 与 F.

由定理 4.1,存在 X 上的线性连续泛函 f 使 $H = H_f^1$,而 H_f^1 分离 $\overline{E}$ 与 F,从而分离 E 与 F.

事实上,$P_E(x) > 0$ 时,有 $P_E(x) = f(x)$. (待证)

于是当 $x \in F$ 时,由 $P_E(x) \geqslant 1$ 知 $f(x) \geqslant 1$.

当 $x \in E$ 时,$P_E(x) \leqslant 1$,若 $P_E(x) > 0$,则 $f(x) = P_E(x) \leqslant 1$;若 $P_E(x) = 0$,那么,如果也有 $P_E(-x) = 0 \Rightarrow x \in L$,从而 $f(x) = 0$(可证 $L = H_f^0$). 如果 $P_E(-x) > 0$,有 $f(-x) = P_E(-x) > 0$,从而 $-f(x) > 0, f(x) < 0$. 显然有 $f(x) \leqslant 1, \forall x \in E$.

至此证明了 $H = H_f^1$ 分离了 E 与 F.

上面我们用到了 $P_E(x) > 0$ 时,$P_E(x) = f(x)$. 事实上,

$\forall x \in X$,若 $P_E(x) > 0$,则 $\dfrac{x}{P_E(x)} \in H = H_f^1$,于是 $f\left(\dfrac{x}{P_E(x)}\right) = 1$,即 $f(x) = P_E(x)$.

以下我们再证 $L = H_f^0$.因为 L 为极大线性子空间,H_f^0 为 X 的线性真子空间,于是只需证明 $L \subset H_f^0$ 即可.

事实上,由 $H = L + x_0$ 知 $L = H - x_0$.于是 $\forall y \in L$,有 $x \in H$ 使 $y = x - x_0$,从而 $f(y) = f(x) - f(x_0) = 0$,于是有 $y \in H_f^0$,即 $L = H_f^0$.

证毕.

注 条件 $E \cap F = \varnothing$ 可放宽为 $\overline{E} \cap F = \varnothing$.从证明过程可以看出,由 $\overline{E} \cap F = \varnothing$ 有 H 分离 $\overline{E}$ 与 F,而 $\overline{\overline{E}} = \overline{E}$,所以有 H 分离 $\overline{E}$ 与 F,从而有 H 分离 E 与 F.

定义 4.3 设 $H = H_f^r$ 是线性空间 X 的超平面,E 是 X 中的集合,$x_0 \in E$.若 $x_0 \in E \cap H$,且 E 在 H 的一侧,则称 H 是 E 在 x_0 的一个承托超平面.如图 10,l_1, l_2 是 E 的承托超平面,但 l_3 不是.

推论 4.1 (哈恩-巴拿赫定理的几何形式) 设 X 是 (B_0^*) 空间,E 是 X 中一个含内点的凸的不空的真子集,$x_0 \in X \backslash E$,则存在超平面 H_f^r 分离 x_0 与 E,即存在 X 上的线性连续泛函 f 及数 r 使得:

(1) $f(x_0) \geqslant r$(或 $\leqslant r$);

(2) $x \in E \Rightarrow f(x) \leqslant r$(或 $\geqslant r$).

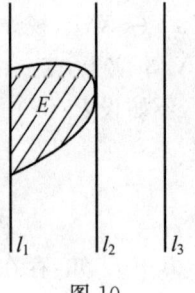

图 10

证明 方法 1:视 E 为定理 4.2 中的 E,$\{x_0\}$ 为其中的 F,则推论显然成立.

方法 2:用哈恩-巴拿赫定理证.

设 $X_0 = \{\lambda x_0 \mid \lambda \in (-\infty, +\infty)\}$,$f_0(x) = \lambda P_E(x_0)$,$x = \lambda x_0$,$P_E(x)$ 是关于 E 的闵可夫斯基泛函,则 $f_0(x)$ 是 X_0 上的线性连续泛函且 $|f_0(x)| \leqslant P_E(x)$.

于是由哈恩-巴拿赫定理即定理 3.2 知,存在 X 上的线性连续泛函 $f(x)$ 满足:

(1) $f(x) = f_0(x)$,$x \in X_0$,特别的,$f(x_0) = P_E(x_0) \geqslant 1$.

(2) $|f(x)| \leqslant p_E(x)$,$x \in X$.特别的,当 $x' \in E$ 时,$f(x') \leqslant p_E(x') \leqslant 1$.

这就是说超平面 H_f^1 分离了 E 与 x_0.

证毕.

以下用哈恩-巴拿赫定理的几何形式即推论 4.1 来证明凸集分离定理即定理 4.2.

证明 首先记 $E_1 = E + (-1)F$,则

(1) E_1 是凸集,显然;

(2) E_1 含有内点，由 E 有内点可知；

(3) $\theta \notin E_1$. 若不然，则存在 $x_1 \in E, x_2 \in F$ 使 $\theta = x_1 - x_2 \in E_1$，从而 $x_1 = x_2 \in E \cap F$，这与 $E \cap F = \varnothing$ 矛盾. 所以 $\theta \notin E$ 成立.

据哈恩－巴拿赫定理的几何形式即推论 4.1，存在超平面 H_f^r 分离 E_1 与 $\{\theta\}$，不妨假定

$$\begin{cases} f(x) \leqslant r, x \in E_1 \\ f(\theta) \geqslant r \end{cases}$$

由 $f(\theta) = 0$ 知 $r \leqslant 0$，所以 $\forall x \in E_1$ 有 $f(x) \leqslant 0$. 于是 $\forall x_1 \in E, x_2 \in F$ 有 $f(x_1 - x_2) = f(x_1) - f(x_2) \leqslant 0$，即 $f(x_1) \leqslant f(x_2)$，故存在数 S 使得

$$\sup_{x_1 \in E} f(x_1) \leqslant S \leqslant \inf_{x_2 \in F} f(x_2)$$

从而 H_f^s 分离了 E 与 F，而由 H_f^r 是超平面知 H_f^s 也是超平面.

证毕.

推论 4.2 设 X 是 (B_0^*) 空间，E 是 X 中有内点的凸集，F 是 X 的线性流形，即 $F = X_0 + x_0$，其中 $x_0 \in F, X_0$ 是 X 的线性子空间. 若 $E \cap F = \varnothing$，则存在超平面 H_f^r 使

$$\begin{cases} E \text{ 在 } H_f^r \text{ 的一侧} \\ F \subset H_f^r \end{cases}$$

即

$$\begin{cases} x \in E \Rightarrow f(x) \leqslant r \\ x \in F \Rightarrow f(x) = r \end{cases}$$

证明 首先，由艾德海凸集分离定理，存在 $H_f^{r_0}$ 分离 E 与 F，即

$$\begin{cases} x \in E \Rightarrow f(x) \leqslant r_0 \\ x \in F \Rightarrow f(x) \geqslant r_0 \end{cases}$$

其次设 $H_f^{r_0} = H_f^0 + x_1$，其中 $f(x_1) = r_0$，则有 $X_0 \subset H_f^0$. 事实上，$\forall x \in X_0$，有 $x + x_0 \in F$，于是有

$$f(x + x_0) = f(x) + f(x_0) \geqslant r_0$$

从而 $f(x) = 0$. 否则，如果 $f(x) > 0$，则对任给的自然数 n，有

$$f(-nx) + f(x_0) \geqslant r_0$$

亦即 $-nf(x) + f(x_0) \geqslant r_0$，这不可能，因为 $-nf(x) + f(x_0) \to -\infty (n \to \infty)$. 同理，$f(x) < 0$ 也不可能，故有 $f(x) = 0$，从而 $x \in H_f^0$，由 x 的任意性知：$X_0 \subset H_f^0$. 于是 $F = X_0 + x_0 \subset H_f^0 + x_0$，若记 $f(x_0) = r$，则 $H_f^r = H_f^0 + x_0$，它当然是超平面，且 $F \subset H_f^r$.

最后，我们有 $\begin{cases} E \text{ 在 } H_f^r \text{ 的一侧} \\ F \subset H_f^r \end{cases}$，因为 $\begin{cases} x \in F \Rightarrow f(x) \geqslant r_0 \\ x \in E \Rightarrow f(x) \leqslant r_0 \end{cases}$，而

由 $F \subset H_f^r$ 知 $x \in F \Rightarrow f(x) = r$,故有 $r \geqslant r_0$. 从而有
$$\begin{cases} x \in E \Rightarrow f(x) \leqslant r \\ x \in F \Rightarrow f(x) = r \end{cases}$$

证毕.

推论 4.3 设 X 是 (B_0^*) 空间,E,F 是 X 中的闭凸集,满足 $E \cap F = \varnothing$,E 是致密的(列紧的),则 E 与 F 可用一个超平面严格分离.换言之,存在 $f \in X^*$ 及 $\varepsilon > 0$,r 为实常数,使得
$$\begin{cases} x \in E \Rightarrow f(x) \leqslant r - \varepsilon \\ x \in F \Rightarrow f(x) \geqslant r \end{cases}$$

证明 为了应用艾德海凸集分离定理,我们必须改造一个凸集使其有内点且与另一凸集不交.为此,我们先构造一个与 F 不交的集,再证明它确实包含一个含有 E 的凸的且有内点的集.

(1) 设 X 上的 (B_0) 型准范数为 $\|x\| = \sum_{n=1}^{\infty} \frac{1}{2^n} \frac{\|x\|_n}{1+\|x\|_n}$,其中 $\|\cdot\|_n (n=1,2,\cdots)$ 是 X 上的拟范数.

记 $\delta(\varepsilon) = \{x \mid x \in X, \|x\| < \varepsilon\}$,可以证明:存在 $\varepsilon_1 > 0$ 使 $E + \delta(\varepsilon_1)$ 与 F 不交.事实上,若这样的 ε_1 不存在,则 $\forall$ 自然数 m,皆有 $E + \delta\left(\frac{1}{m}\right)$ 与 F 相交,即存在 $y_m \in F \cap \left(E + \delta\left(\frac{1}{m}\right)\right)$,于是存在 $x_m \in E$ 使 $\|x_m - y_m\| < \frac{1}{m}$.由 E 的列紧性,存在 $x_0 \in E$,使得 $x_m \to x_0 (m \to \infty)$,从而 $y_m \to x_0 (m \to \infty)$.又因 F 为闭的,从而有 $x_0 \in F$,于是 $x_0 \in E \cap F$,与 $E \cap F = \varnothing$ 矛盾.

但 $\delta(\varepsilon_1)$ 不一定是凸集,从而 $E + \delta(\varepsilon_1)$ 也不一定是凸集.

(2) 以下证明存在拟范数 $\|\cdot\|'$ 及数 $\delta_0 > 0$ 使得 $\{x \mid \|x\|' < \delta_0\} \subset \delta(\varepsilon_1)$.

事实上,只要取 n_0 使 $\frac{1}{2^{n_0}} < \frac{\varepsilon_1}{2}$,取 $\delta_0 = \frac{\varepsilon_1}{2}$ 以及 $\|x\|' = \max_{1 \leqslant K \leqslant n_0} \|x\|_K$,就有 $\{x \mid \|x\|' < \delta_0\} \subset \delta(\varepsilon_1)$.

记 $E_1 = E + \{x \mid \|x\|' < \delta_0\}$,显然 E_1 为凸集,$E_1 \cap F = \varnothing$,$E_1 \supset E$,$E_1 \subset E + \delta(\varepsilon_1)$,且 E_1 有内点.

(3) 由艾德海凸集分离定理,存在超平面 H_f^r 分离 E_1 与 F,即
$$\begin{cases} x \in F \Rightarrow f(x) \geqslant r \\ x \in E_1 \Rightarrow f(x) \leqslant r \end{cases}$$

今证存在 $\varepsilon > 0$ 使 $x \in E$ 时,有 $f(x) \leqslant r - \varepsilon$.

事实上,由 E 是闭的、列紧的知 E 是紧的,所以 $f(x)$ 在 E 上达到最大值 r_0,即存在 $x_0 \in E$ 使 $f(x_0) = r_0$ 且 $\forall x \in E \Rightarrow f(x) \leqslant r_0$.而 $r_0 < r$,若不然,则 $f(x_0) = r_0 = r$ 是 f 在 E_1 上的最大值,更是 f 在 $\{x \mid \|x - x_0\|' < \delta_0\} \subset E_1$ 上的最大值.但是线性泛函 f 不

可能在球心上取到最大值和最小值. 于是 $r_0 < r$. 从而存在 $\varepsilon > 0$ 使得 $r_0 \leqslant r - \varepsilon$,故
$$\begin{cases} x \in F \Rightarrow f(x) \geqslant r \\ x \in E \Rightarrow f(x) \leqslant r - \varepsilon \end{cases}$$
证毕.

用凸集分离定理及其推论可证明下面一些结论.

定理 4.3 设 X 是 (B_0^*) 空间,$E \subset X$,则 $[\overline{E}] = \bigcap\limits_{f \in X^*} \{x \mid f(x) \leqslant \sup\limits_{y \in E} f(y)\}$.

证明 首先,$\forall f \in X^*$,有 $E \subset \{x \mid f(x) \leqslant \sup\limits_{y \in E} f(y)\}$,而 $\{x \mid f(x) \leqslant \sup\limits_{y \in E} f(y)\}$ 既是闭集又是凸集,故有
$$[\overline{E}] \subset \bigcap_{f \in X^*} \{x \mid f(x) \leqslant \sup_{y \in E} f(y)\}$$
其次,$[\overline{E}] \supset \bigcap\limits_{f \in X^*} \{x \mid f(x) \leqslant \sup\limits_{y \in E} f(y)\}$. 事实上,若 $x_0 \notin [\overline{E}]$,则对致密闭集 $\{x_0\}$ 和 $[\overline{E}]$ 利用推论 4.3 可得:必存在 $g \in X^*$ 及 $\varepsilon > 0$ 使得 $\varepsilon + g(x_0) \leqslant g(x), \forall x \in [\overline{E}]$. 令 $f = -g$,则有
$$f(x) \leqslant f(x_0) - \varepsilon, \forall x \in [\overline{E}]$$
从而 $\sup\limits_{y \in E} f(y) < f(x_0)$,于是 $x_0 \notin \bigcap\limits_{f \in X^*} \{x \mid f(x) \leqslant \sup\limits_{y \in E} f(y)\}$. 综上有 $[\overline{E}] = \bigcap\limits_{f \in X^*} \{x \mid f(x) \leqslant \sup\limits_{y \in E} f(y)\}$.

定理 4.4 设 X 是 (B_0^*) 空间,$E \subset X$,E 是闭凸子集,若 $x_n \in E$,$x_n \to x_0$(弱收敛,$n \to \infty$),则有 $x_0 \in E$.

证明 若 $x_0 \notin E$,则对 $\{x_0\}$ 及 E 用推论 4.3 得:必存在 $f \in X^*$,$\varepsilon > 0$ 及数 r 使
$$\begin{cases} f(x_0) \leqslant r - \varepsilon \\ f(x) \geqslant r, x \in E \end{cases}$$
于是,$\forall x \in E$,有 $f(x) \geqslant f(x_0) + \varepsilon$,这与 $x_n \in E$,$x_n \to x_0$(弱收敛,$n \to \infty$)矛盾.

所以 $x_0 \in E$.

证毕.

定理 4.5 设 X 是 (B_0^*) 空间,E 是 X 中含内点的闭凸集,则通过 E 的每一个边界点都可作出 E 的一个承托超平面.

证明 $\forall x_0 \in \partial E (\partial E$ 表示 E 的边界),则 $\{x_0\} \cap \overset{\circ}{E} = \varnothing$,对 $\{x_0\}$ 及 $\overset{\circ}{E}$ 用艾德海凸集分离定理知:存在 $f \in X^*$ 及数 r 使得
$$\begin{cases} x \in \overset{\circ}{E} \text{时}, f(x) \leqslant r \\ f(x_0) \geqslant r \end{cases}$$
又因 $x_0 \in E$,所以 $f(x_0) = r$,因此 H_f^r 是 E 在 x_0 处的承托超平面.

证毕.

后记

"俯视教育,直面数学,薪传学术,关注文化"是我们数学工作室的16字宗旨,名正则言顺,志同则道合.这是一本众人合力编译成的大书,参编人员多达三十几位.

整个编译工程浩大,由刘培杰数学工作室策划并组织编写,其中译者有:

冯贝叶　许　康　候晋川　陆柱家　陈培德　卢亭鹤
魏力仁　刘裔宏　吴茂贵　陶懋欣　刘尚平　陆　昱
姚景齐　邹建成　张永祺　邵存蓓　郭梦书　王兰新

校者有:

冯贝叶　陆柱家　彭肇藩　沈信耀　李培信　李　浩
陈培德　童　欣　陆　昱　强文久　秦成林　林友明
姚景齐

其中刘裔宏、许康、吴茂贵、魏力仁是我国较早关注美国大学生数学竞赛的译者;冯贝叶先生是本书中承担任务最重的老先生,虽年近七旬,但每天奔波于北京图书馆与中科院之间,并且通过在美国的同学找到了最新的试题;郭梦书博士和田廷彦先生解答了部分题目.

许多人现在都在津津乐道于出版业要走出去,我们工作室为什么还要大力引介宣扬舶来品呢?中国社会科学院赵汀阳说得有道理:"现在我们很想说中国话语,但是,光有愿望是不够的,必须创造出有分量有水平的思想.精神领域和物质领域有一点是一样的:一种产品必须有实力才真正有话说,话才能说得下去."(赵汀阳.直观.福州:福建教育出版社,2000:303)图书是一种精神产品,它有物质外壳,但更重要的是精神的内涵,今天我们的印刷和装帧都与发达国家的水平很接近了,但内容水平却还有一定距离,所以我们当前的主要工作仍然是"请进来",要"师夷之长技".按当前国际的评价来讲,中国中等教育中数学教育水平并不弱,按管理学的说法,一只桶能盛多少水关键在那块最短板的长度,我们的最短板在高等教育,其中的数学教育与发达国家相比当然是有所差距.

在本书的出版过程中,刘春雷编辑付出了很多劳动.自然科学类的图书编辑是很难做的,社会公众对此了解不够,以为催催稿、改改错就可胜任,其实那远远不够,一个理想中的编辑是什么样呢?还是讲一个美国的例子,1921年爱因斯坦在普林斯顿大学做了一场学术讲演,《纽约时报》记者欧文发回了一篇报道.总编辑卡尔·范安达对报道中的一个方程式产生疑问,欧文便请帮助写报道的一位物理学家重新审阅,物理学家肯定地说:"爱因斯坦博士就是这么写的."可范安达仍不罢休,要求欧文向爱因斯坦本人求证.爱因斯坦看后惊讶地说:"天啊!你们总编辑说得对,是我往黑板上抄写方程式的时候出了错."当编辑当到这个份才够格,也才真正能够得到社会的认可及相应的声誉.

随着数学工作室出书量的增加,越来越多的读者对工作室日常的工作感到好奇,问你们每天都在忙些什么,这个问题很难回答.

美国女数学家罗宾逊(Julia Robinson)能力超强,她同丈夫同在伯克利大学任教,由于伯克利大学规定夫妇不能在同一系任教,于是统计系为她提供了一个职位,她随职位申请书一同交给人事部门的工作描述,是典型的数学家的一周工作情况:"周一:试图证明定理;周二:试图证明定理;周三:试图证明定理;周四:试图证明定理;周五:定理错误."

我们工作室的工作与之相仿:约稿,编稿,审稿,改稿,发稿,被或不被读者所接受.

Erica Klarreich 曾说:"从现在开始,解决数学中最伟大的问题,你将得到荣誉和财富."

准备好了吗?开始解题吧!

刘培杰
2014年10月1日于哈工大

哈尔滨工业大学出版社刘培杰数学工作室
已出版（即将出版）图书目录

书　名	出版时间	定价	编号
新编中学数学解题方法全书（高中版）上卷	2007—09	38.00	7
新编中学数学解题方法全书（高中版）中卷	2007—09	48.00	8
新编中学数学解题方法全书（高中版）下卷（一）	2007—09	42.00	17
新编中学数学解题方法全书（高中版）下卷（二）	2007—09	38.00	18
新编中学数学解题方法全书（高中版）下卷（三）	2010—06	58.00	73
新编中学数学解题方法全书（初中版）上卷	2008—01	28.00	29
新编中学数学解题方法全书（初中版）中卷	2010—07	38.00	75
新编中学数学解题方法全书（高考复习卷）	2010—01	48.00	67
新编中学数学解题方法全书（高考真题卷）	2010—01	38.00	62
新编中学数学解题方法全书（高考精华卷）	2011—03	68.00	118
新编平面解析几何解题方法全书（专题讲座卷）	2010—01	18.00	61
新编中学数学解题方法全书（自主招生卷）	2013—08	88.00	261
数学眼光透视	2008—01	38.00	24
数学思想领悟	2008—01	38.00	25
数学应用展观	2008—01	38.00	26
数学建模导引	2008—01	28.00	23
数学方法溯源	2008—01	38.00	27
数学史话览胜	2008—01	28.00	28
数学思维技术	2013—09	38.00	260
从毕达哥拉斯到怀尔斯	2007—10	48.00	9
从迪利克雷到维斯卡尔迪	2008—01	48.00	21
从哥德巴赫到陈景润	2008—05	98.00	35
从庞加莱到佩雷尔曼	2011—08	138.00	136
数学解题中的物理方法	2011—06	28.00	114
数学解题的特殊方法	2011—06	48.00	115
中学数学计算技巧	2012—01	48.00	116
中学数学证明方法	2012—01	58.00	117
数学趣题巧解	2012—03	28.00	128
三角形中的角格点问题	2013—01	88.00	207
含参数的方程和不等式	2012—09	28.00	213

哈尔滨工业大学出版社刘培杰数学工作室
已出版（即将出版）图书目录

书　名	出版时间	定价	编号
数学奥林匹克与数学文化（第一辑）	2006—05	48.00	4
数学奥林匹克与数学文化（第二辑）（竞赛卷）	2008—01	48.00	19
数学奥林匹克与数学文化（第二辑）（文化卷）	2008—07	58.00	36'
数学奥林匹克与数学文化（第三辑）（竞赛卷）	2010—01	48.00	59
数学奥林匹克与数学文化（第四辑）（竞赛卷）	2011—08	58.00	87
数学奥林匹克与数学文化（第五辑）	2014—09		370
发展空间想象力	2010—01	38.00	57
走向国际数学奥林匹克的平面几何试题诠释（上、下）（第1版）	2007—01	68.00	11,12
走向国际数学奥林匹克的平面几何试题诠释（上、下）（第2版）	2010—02	98.00	63,64
平面几何证明方法全书	2007—08	35.00	1
平面几何证明方法全书习题解答（第1版）	2005—10	18.00	2
平面几何证明方法全书习题解答（第2版）	2006—12	18.00	10
平面几何天天练上卷·基础篇（直线型）	2013—01	58.00	208
平面几何天天练中卷·基础篇（涉及圆）	2013—01	28.00	234
平面几何天天练下卷·提高篇	2013—01	58.00	237
平面几何专题研究	2013—07	98.00	258
最新世界各国数学奥林匹克中的平面几何试题	2007—09	38.00	14
数学竞赛平面几何典型题及新颖解	2010—07	48.00	74
初等数学复习及研究（平面几何）	2008—09	58.00	38
初等数学复习及研究（立体几何）	2010—06	38.00	71
初等数学复习及研究（平面几何）习题解答	2009—01	48.00	42
世界著名平面几何经典著作钩沉——几何作图专题卷（上）	2009—06	48.00	49
世界著名平面几何经典著作钩沉——几何作图专题卷（下）	2011—01	88.00	80
世界著名平面几何经典著作钩沉（民国平面几何老课本）	2011—03	38.00	113
世界著名解析几何经典著作钩沉——平面解析几何卷	2014—01	38.00	273
世界著名数论经典著作钩沉（算术卷）	2012—01	28.00	125
世界著名数学经典著作钩沉——立体几何卷	2011—02	28.00	88
世界著名三角学经典著作钩沉（平面三角卷Ⅰ）	2010—06	28.00	69
世界著名三角学经典著作钩沉（平面三角卷Ⅱ）	2011—01	38.00	78
世界著名初等数论经典著作钩沉（理论和实用算术卷）	2011—07	38.00	126
几何学教程（平面几何卷）	2011—03	68.00	90
几何学教程（立体几何卷）	2011—07	68.00	130
几何变换与几何证题	2010—06	88.00	70
计算方法与几何证题	2011—06	28.00	129
立体几何技巧与方法	2014—04	88.00	293
几何瑰宝——平面几何500名题暨1000条定理（上、下）	2010—07	138.00	76,77
三角形的解法与应用	2012—07	18.00	183
近代的三角形几何学	2012—07	48.00	184
一般折线几何学	即将出版	58.00	203
三角形的五心	2009—06	28.00	51
三角形趣谈	2012—08	28.00	212
解三角形	2014—01	28.00	265
三角学专门教程	2014—09	28.00	387
圆锥曲线习题集（上）	2013—06	68.00	255

哈尔滨工业大学出版社刘培杰数学工作室
已出版（即将出版）图书目录

书　　名	出版时间	定　价	编号
俄罗斯平面几何问题集	2009—08	88.00	55
俄罗斯立体几何问题集	2014—03	58.00	283
俄罗斯几何大师——沙雷金论数学及其他	2014—01	48.00	271
来自俄罗斯的 5000 道几何习题及解答	2011—03	58.00	89
俄罗斯初等数学问题集	2012—05	38.00	177
俄罗斯函数问题集	2011—03	38.00	103
俄罗斯组合分析问题集	2011—01	48.00	79
俄罗斯初等数学万题选——三角卷	2012—11	38.00	222
俄罗斯初等数学万题选——代数卷	2013—08	68.00	225
俄罗斯初等数学万题选——几何卷	2014—01	68.00	226
463 个俄罗斯几何老问题	2012—01	28.00	152
近代欧氏几何学	2012—03	48.00	162
罗巴切夫斯基几何学及几何基础概要	2012—07	28.00	188
超越吉米多维奇——数列的极限	2009—11	48.00	58
Barban Davenport Halberstam 均值和	2009—01	40.00	33
初等数论难题集（第一卷）	2009—05	68.00	44
初等数论难题集（第二卷）(上、下)	2011—02	128.00	82,83
谈谈素数	2011—03	18.00	91
平方和	2011—03	18.00	92
数论概貌	2011—03	18.00	93
代数数论（第二版）	2013—08	58.00	94
代数多项式	2014—06	38.00	289
初等数论的知识与问题	2011—02	28.00	95
超越数论基础	2011—03	28.00	96
数论初等教程	2011—03	28.00	97
数论基础	2011—03	18.00	98
数论基础与维诺格拉多夫	2014—03	18.00	292
解析数论基础	2012—08	28.00	216
解析数论基础（第二版）	2014—01	48.00	287
解析数论问题集（第二版）	2014—05	88.00	343
解析几何研究	2015—01	38.00	425
数论入门	2011—03	38.00	99
数论开篇	2012—07	28.00	194
解析数论引论	2011—03	48.00	100
复变函数引论	2013—10	68.00	269
无穷分析引论（上）	2013—04	88.00	247
无穷分析引论（下）	2013—04	98.00	245

哈尔滨工业大学出版社刘培杰数学工作室
已出版(即将出版)图书目录

书 名	出版时间	定 价	编号
数学分析	2014—04	28.00	338
数学分析中的一个新方法及其应用	2013—01	38.00	231
数学分析例选:通过范例学技巧	2013—01	88.00	243
三角级数论(上册)(陈建功)	2013—01	38.00	232
三角级数论(下册)(陈建功)	2013—01	48.00	233
三角级数论(哈代)	2013—06	48.00	254
基础数论	2011—03	28.00	101
超越数	2011—03	18.00	109
三角和方法	2011—03	18.00	112
谈谈不定方程	2011—05	28.00	119
整数论	2011—05	38.00	120
随机过程(Ⅰ)	2014—01	78.00	224
随机过程(Ⅱ)	2014—01	68.00	235
整数的性质	2012—11	38.00	192
初等数论100例	2011—05	18.00	122
初等数论经典例题	2012—07	18.00	204
最新世界各国数学奥林匹克中的初等数论试题(上、下)	2012—01	138.00	144,145
算术探索	2011—12	158.00	148
初等数论(Ⅰ)	2012—01	18.00	156
初等数论(Ⅱ)	2012—01	18.00	157
初等数论(Ⅲ)	2012—01	28.00	158
组合数学	2012—04	28.00	178
组合数学浅谈	2012—03	28.00	159
同余理论	2012—05	38.00	163
丢番图方程引论	2012—03	48.00	172
平面几何与数论中未解决的新老问题	2013—01	68.00	229
线性代数大题典	2014—07	88.00	351
法雷级数	2014—08	18.00	367
代数数论简史	2014—11	28.00	408
历届美国中学生数学竞赛试题及解答(第一卷)1950—1954	2014—07	18.00	277
历届美国中学生数学竞赛试题及解答(第二卷)1955—1959	2014—04	18.00	278
历届美国中学生数学竞赛试题及解答(第三卷)1960—1964	2014—06	18.00	279
历届美国中学生数学竞赛试题及解答(第四卷)1965—1969	2014—04	28.00	280
历届美国中学生数学竞赛试题及解答(第五卷)1970—1972	2014—06	18.00	281
历届美国中学生数学竞赛试题及解答(第七卷)1981—1986	2015—01	18.00	424

哈尔滨工业大学出版社刘培杰数学工作室
已出版(即将出版)图书目录

书　　名	出版时间	定　价	编号
历届IMO试题集(1959—2005)	2006—05	58.00	5
历届CMO试题集	2008—09	28.00	40
历届中国数学奥林匹克试题集	2014—10	38.00	394
历届加拿大数学奥林匹克试题集	2012—08	38.00	215
历届美国数学奥林匹克试题集:多解推广加强	2012—08	38.00	209
保加利亚数学奥林匹克	2014—10	38.00	393
圣彼得堡数学竞赛试题集	2015—01	48.00	429
历届国际大学生数学竞赛试题集(1994—2010)	2012—01	28.00	143
全国大学生数学夏令营数学竞赛试题及解答	2007—03	28.00	15
全国大学生数学竞赛辅导教程	2012—07	28.00	189
全国大学生数学竞赛复习全书	2014—04	48.00	340
历届美国大学生数学竞赛试题集	2009—03	88.00	43
前苏联大学生数学奥林匹克竞赛题解(上编)	2012—04	28.00	169
前苏联大学生数学奥林匹克竞赛题解(下编)	2012—04	38.00	170
历届美国数学邀请赛试题集	2014—01	48.00	270
全国高中数学竞赛试题及解答.第1卷	2014—07	38.00	331
大学生数学竞赛讲义	2014—09	28.00	371
高考数学临门一脚(含密押三套卷)(理科版)	2015—01	24.80	421
高考数学临门一脚(含密押三套卷)(文科版)	2015—01	24.80	422
整函数	2012—08	18.00	161
多项式和无理数	2008—01	68.00	22
模糊数据统计学	2008—03	48.00	31
模糊分析学与特殊泛函空间	2013—01	68.00	241
受控理论与解析不等式	2012—05	78.00	165
解析不等式新论	2009—06	68.00	48
反问题的计算方法及应用	2011—11	28.00	147
建立不等式的方法	2011—03	98.00	104
数学奥林匹克不等式研究	2009—08	68.00	56
不等式研究(第二辑)	2012—02	68.00	153
初等数学研究(Ⅰ)	2008—09	68.00	37
初等数学研究(Ⅱ)(上、下)	2009—05	118.00	46,47
中国初等数学研究　2009卷(第1辑)	2009—05	20.00	45
中国初等数学研究　2010卷(第2辑)	2010—05	30.00	68
中国初等数学研究　2011卷(第3辑)	2011—07	60.00	127
中国初等数学研究　2012卷(第4辑)	2012—07	48.00	190
中国初等数学研究　2014卷(第5辑)	2014—02	48.00	288
数阵及其应用	2012—02	28.00	164
绝对值方程—折边与组合图形的解析研究	2012—07	48.00	186
不等式的秘密(第一卷)	2012—02	28.00	154
不等式的秘密(第一卷)(第2版)	2014—02	38.00	286
不等式的秘密(第二卷)	2014—01	38.00	268

哈尔滨工业大学出版社刘培杰数学工作室
已出版(即将出版)图书目录

书　名	出版时间	定　价	编号
初等不等式的证明方法	2010—06	38.00	123
初等不等式的证明方法(第二版)	2014—11	38.00	407
数学奥林匹克在中国	2014—06	98.00	344
数学奥林匹克问题集	2014—01	38.00	267
数学奥林匹克不等式散论	2010—06	38.00	124
数学奥林匹克不等式欣赏	2011—09	38.00	138
数学奥林匹克超级题库(初中卷上)	2010—01	58.00	66
数学奥林匹克不等式证明方法和技巧(上、下)	2011—08	158.00	134,135
近代拓扑学研究	2013—04	38.00	239
新编640个世界著名数学智力趣题	2014—01	88.00	242
500个最新世界著名数学智力趣题	2008—06	48.00	3
400个最新世界著名数学最值问题	2008—09	48.00	36
500个世界著名数学征解问题	2009—06	48.00	52
400个中国最佳初等数学征解老问题	2010—01	48.00	60
500个俄罗斯数学经典老题	2011—01	28.00	81
1000个国外中学物理好题	2012—04	48.00	174
300个日本高考数学题	2012—05	38.00	142
500个前苏联早期高考数学试题及解答	2012—05	28.00	185
546个早期俄罗斯大学生数学竞赛题	2014—03	38.00	285
548个来自美苏的数学好问题	2014—11	28.00	396
博弈论精粹	2008—03	58.00	30
数学 我爱你	2008—01	28.00	20
精神的圣徒　别样的人生——60位中国数学家成长的历程	2008—09	48.00	39
数学史概论	2009—06	78.00	50
数学史概论(精装)	2013—03	158.00	272
斐波那契数列	2010—02	28.00	65
数学拼盘和斐波那契魔方	2010—07	38.00	72
斐波那契数列欣赏	2011—01	28.00	160
数学的创造	2011—02	48.00	85
数学中的美	2011—02	38.00	84
王连笑教你怎样学数学——高考选择题解题策略与客观题实用训练	2014—01	48.00	262
最新全国及各省市高考数学试卷解法研究及点拨评析	2009—02	38.00	41
高考数学的理论与实践	2009—08	38.00	53
中考数学专题总复习	2007—04	28.00	6
向量法巧解数学高考题	2009—08	28.00	54
高考数学核心题型解题方法与技巧	2010—01	28.00	86
高考思维新平台	2014—03	38.00	259
数学解题——靠数学思想给力(上)	2011—07	38.00	131
数学解题——靠数学思想给力(中)	2011—07	48.00	132
数学解题——靠数学思想给力(下)	2011—07	38.00	133
我怎样解题	2013—01	48.00	227
和高中生漫谈:数学与哲学的故事	2014—08	28.00	369

哈尔滨工业大学出版社刘培杰数学工作室
已出版(即将出版)图书目录

书　名	出版时间	定　价	编号
2011年全国及各省市高考数学试题审题要津与解法研究	2011—10	48.00	139
2013年全国及各省市高考数学试题解析与点评	2014—01	48.00	282
新课标高考数学——五年试题分章详解(2007～2011)(上、下)	2011—10	78.00	140,141
30分钟拿下高考数学选择题、填空题	2012—01	48.00	146
全国中考数学压轴题审题要津与解法研究	2013—04	78.00	248
新编全国及各省市中考数学压轴题审题要津与解法研究	2014—05	58.00	342
高考数学压轴题解题诀窍(上)	2012—02	78.00	166
高考数学压轴题解题诀窍(下)	2012—03	28.00	167
格点和面积	2012—07	18.00	191
射影几何趣谈	2012—04	28.00	175
斯潘纳尔引理——从一道加拿大数学奥林匹克试题谈起	2014—01	18.00	228
李普希兹条件——从几道近年高考数学试题谈起	2012—10	18.00	221
拉格朗日中值定理——从一道北京高考试题的解法谈起	2012—10	18.00	197
闵科夫斯基定理——从一道清华大学自主招生试题谈起	2014—01	28.00	198
哈尔测度——从一道冬令营试题的背景谈起	2012—08	28.00	202
切比雪夫逼近问题——从一道中国台北数学奥林匹克试题谈起	2013—04	38.00	238
伯恩斯坦多项式与贝齐尔曲面——从一道全国高中数学联赛试题谈起	2013—03	38.00	236
卡塔兰猜想——从一道普特南竞赛试题谈起	2013—06	18.00	256
麦卡锡函数和阿克曼函数——从一道前南斯拉夫数学奥林匹克试题谈起	2012—08	18.00	201
贝蒂定理与拉贝克莫斯尔定理——从一个拣石子游戏谈起	2012—08	18.00	217
皮亚诺曲线和豪斯道夫分球定理——从无限集谈起	2012—08	18.00	211
平面凸图形与凸多面体	2012—10	28.00	218
斯坦因豪斯问题——从一道二十五省市自治区中学数学竞赛试题谈起	2012—07	18.00	196
纽结理论中的亚历山大多项式与琼斯多项式——从一道北京市高一数学竞赛试题谈起	2012—07	28.00	195
原则与策略——从波利亚"解题表"谈起	2013—04	38.00	244
转化与化归——从三大尺规作图不能问题谈起	2012—08	28.00	214
代数几何中的贝祖定理(第一版)——从一道IMO试题的解法谈起	2013—08	38.00	193
成功连贯理论与约当块理论——从一道比利时数学竞赛试题谈起	2012—04	18.00	180
磨光变换与范·德·瓦尔登猜想——从一道环球城市竞赛试题谈起	即将出版		
素数判定与大数分解	2014—08	18.00	199
置换多项式及其应用	2012—10	18.00	220
椭圆函数与模函数——从一道美国加州大学洛杉矶分校(UCLA)博士资格考题谈起	2012—10	38.00	219
差分方程的拉格朗日方法——从一道2011年全国高考理科试题的解法谈起	2012—08	28.00	200

哈尔滨工业大学出版社刘培杰数学工作室
已出版（即将出版）图书目录

书　名	出版时间	定　价	编号
力学在几何中的一些应用	2013—01	38.00	240
高斯散度定理、斯托克斯定理和平面格林定理——从一道国际大学生数学竞赛试题谈起	即将出版		
康托洛维奇不等式——从一道全国高中联赛试题谈起	2013—03	28.00	337
西格尔引理——从一道第18届IMO试题的解法谈起	即将出版		
罗斯定理——从一道前苏联数学竞赛试题谈起	即将出版		
拉克斯定理和阿廷定理——从一道IMO试题的解法谈起	2014—01	58.00	246
毕卡大定理——从一道美国大学数学竞赛试题谈起	2014—07	18.00	350
贝齐尔曲线——从一道全国高中联赛试题谈起	即将出版		
拉格朗日乘子定理——从一道2005年全国高中联赛试题谈起	即将出版		
雅可比定理——从一道日本数学奥林匹克试题谈起	2013—04	48.00	249
李天岩—约克定理——从一道波兰数学竞赛试题谈起	2014—06	28.00	349
整系数多项式因式分解的一般方法——从克朗耐克算法谈起	即将出版		
布劳维不动点定理——从一道前苏联数学奥林匹克试题谈起	2014—01	38.00	273
压缩不动点定理——从一道高考数学试题的解法谈起	即将出版		
伯恩赛德定理——从一道英国数学奥林匹克试题谈起	即将出版		
布查特—莫斯特定理——从一道上海市初中竞赛试题谈起	即将出版		
数论中的同余数问题——从一道普特南竞赛试题谈起	即将出版		
范·德蒙行列式——从一道美国数学奥林匹克试题谈起	即将出版		
中国剩余定理——从一道美国数学奥林匹克试题的解法谈起	即将出版		
牛顿程序与方程求根——从一道全国高考试题解法谈起	即将出版		
库默尔定理——从一道IMO预选试题谈起	即将出版		
卢丁定理——从一道冬令营试题的解法谈起	即将出版		
沃斯滕霍姆定理——从一道IMO预选试题谈起	即将出版		
卡尔松不等式——从一道莫斯科数学奥林匹克试题谈起	即将出版		
信息论中的香农熵——从一道近年高考压轴题谈起	即将出版		
约当不等式——从一道希望杯竞赛试题谈起	即将出版		
拉比诺维奇定理	即将出版		
刘维尔定理——从一道《美国数学月刊》征解问题的解法谈起	即将出版		
卡塔兰恒等式与级数求和——从一道IMO试题的解法谈起	即将出版		
勒让德猜想与素数分布——从一道爱尔兰竞赛试题谈起	即将出版		
天平称重与信息论——从一道基辅市数学奥林匹克试题谈起	即将出版		
哈密尔顿—凯莱定理：从一道高中数学联赛试题的解法谈起	2014—09	18.00	376
艾思特曼定理——从一道CMO试题的解法谈起	即将出版		

哈尔滨工业大学出版社刘培杰数学工作室
已出版（即将出版）图书目录

书　名	出版时间	定　价	编号
一个爱尔特希问题——从一道西德数学奥林匹克试题谈起	即将出版		
有限群中的爱丁格尔问题——从一道北京市初中二年级数学竞赛试题谈起	即将出版		
贝克码与编码理论——从一道全国高中联赛试题谈起	即将出版		
帕斯卡三角形	2014—03	18.00	294
蒲丰投针问题——从2009年清华大学的一道自主招生试题谈起	2014—01	38.00	295
斯图姆定理——从一道"华约"自主招生试题的解法谈起	2014—01	18.00	296
许瓦兹引理——从一道加利福尼亚大学伯克利分校数学系博士生试题谈起	2014—08	18.00	297
拉格朗日中值定理——从一道北京高考试题的解法谈起	2014—01		298
拉姆塞定理——从王诗宬院士的一个问题谈起	2014—01		299
坐标法	2013—12	28.00	332
数论三角形	2014—04	38.00	341
毕克定理	2014—07	18.00	352
数林掠影	2014—09	48.00	389
我们周围的概率	2014—10	38.00	390
凸函数最值定理：从一道华约自主招生题的解法谈起	2014—10	28.00	391
易学与数学奥林匹克	2014—10	38.00	392
生物数学趣谈	2015—01	18.00	409
反演	2015—01		420
因式分解与圆锥曲线	2015—01	18.00	426
轨迹	2015—01	28.00	427
中等数学英语阅读文选	2006—12	38.00	13
统计学专业英语	2007—03	28.00	16
统计学专业英语（第二版）	2012—07	48.00	176
幻方和魔方（第一卷）	2012—05	68.00	173
尘封的经典——初等数学经典文献选读（第一卷）	2012—07	48.00	205
尘封的经典——初等数学经典文献选读（第二卷）	2012—07	38.00	206
实变函数论	2012—06	78.00	181
非光滑优化及其变分分析	2014—01	48.00	230
疏散的马尔科夫链	2014—01	58.00	266
初等微分拓扑学	2012—07	18.00	182
方程式论	2011—03	38.00	105
初级方程式论	2011—03	28.00	106
Galois 理论	2011—03	18.00	107
古典数学难题与伽罗瓦理论	2012—11	58.00	223
伽罗华与群论	2014—01	28.00	290
代数方程的根式解及伽罗瓦理论	2011—03	28.00	108
代数方程的根式解及伽罗瓦理论（第二版）	2015—01	28.00	423
线性偏微分方程讲义	2011—03	18.00	110
N 体问题的周期解	2011—03	28.00	111
代数方程式论	2011—05	18.00	121
动力系统的不变量与函数方程	2011—07	48.00	137
基于短语评价的翻译知识获取	2012—02	48.00	168

哈尔滨工业大学出版社刘培杰数学工作室
已出版(即将出版)图书目录

书　名	出版时间	定　价	编号
应用随机过程	2012—04	48.00	187
概率论导引	2012—04	18.00	179
矩阵论(上)	2013—06	58.00	250
矩阵论(下)	2013—06	48.00	251
趣味初等方程妙题集锦	2014—09	48.00	388
对称锥互补问题的内点法:理论分析与算法实现	2014—08	68.00	368
抽象代数:方法导引	2013—06	38.00	257
闵嗣鹤文集	2011—03	98.00	102
吴从炘数学活动三十年(1951~1980)	2010—07	99.00	32
函数论	2014—11	78.00	395
吴振奎高等数学解题真经(概率统计卷)	2012—01	38.00	149
吴振奎高等数学解题真经(微积分卷)	2012—01	68.00	150
吴振奎高等数学解题真经(线性代数卷)	2012—01	58.00	151
高等数学解题全攻略(上卷)	2013—06	58.00	252
高等数学解题全攻略(下卷)	2013—06	58.00	253
高等数学复习纲要	2014—01	18.00	384
钱昌本教你快乐学数学(上)	2011—12	48.00	155
钱昌本教你快乐学数学(下)	2012—03	58.00	171
数贝偶拾——高考数学题研究	2014—04	28.00	274
数贝偶拾——初等数学研究	2014—04	38.00	275
数贝偶拾——奥数题研究	2014—04	48.00	276
集合、函数与方程	2014—01	28.00	300
数列与不等式	2014—01	38.00	301
三角与平面向量	2014—01	28.00	302
平面解析几何	2014—01	38.00	303
立体几何与组合	2014—01	28.00	304
极限与导数、数学归纳法	2014—01	38.00	305
趣味数学	2014—03	28.00	306
教材教法	2014—04	68.00	307
自主招生	2014—05	58.00	308
高考压轴题(上)	2014—11	48.00	309
高考压轴题(下)	2014—10	68.00	310
从费马到怀尔斯——费马大定理的历史	2013—10	198.00	I
从庞加莱到佩雷尔曼——庞加莱猜想的历史	2013—10	298.00	II
从切比雪夫到爱尔特希(上)——素数定理的初等证明	2013—07	48.00	III
从切比雪夫到爱尔特希(下)——素数定理100年	2012—12	98.00	III
从高斯到盖尔方特——二次域的高斯猜想	2013—10	198.00	IV
从库默尔到朗兰兹——朗兰兹猜想的历史	2014—01	98.00	V
从比勃巴赫到德布朗斯——比勃巴赫猜想的历史	2014—02	298.00	VI
从麦比乌斯到陈省身——麦比乌斯变换与麦比乌斯带	2014—02	298.00	VII
从布尔到豪斯道夫——布尔方程与格论漫谈	2013—10	198.00	VIII
从开普勒到阿诺德——三体问题的历史	2014—05	298.00	IX
从华林到华罗庚——华林问题的历史	2013—10	298.00	X

哈尔滨工业大学出版社刘培杰数学工作室
已出版(即将出版)图书目录

书　名	出版时间	定　价	编号
三角函数	2014—01	38.00	311
不等式	2014—01	28.00	312
方程	2014—01	28.00	314
数列	2014—01	38.00	313
排列和组合	2014—01	28.00	315
极限与导数	2014—01	28.00	316
向量	2014—09	38.00	317
复数及其应用	2014—08	28.00	318
函数	2014—01	38.00	319
集合	即将出版		320
直线与平面	2014—01	28.00	321
立体几何	2014—04	28.00	322
解三角形	即将出版		323
直线与圆	2014—01	28.00	324
圆锥曲线	2014—01	38.00	325
解题通法(一)	2014—07	38.00	326
解题通法(二)	2014—07	38.00	327
解题通法(三)	2014—05	38.00	328
概率与统计	2014—01	28.00	329
信息迁移与算法	即将出版		330
第19～23届"希望杯"全国数学邀请赛试题审题要津详细评注(初一版)	2014—03	28.00	333
第19～23届"希望杯"全国数学邀请赛试题审题要津详细评注(初二、初三版)	2014—03	38.00	334
第19～23届"希望杯"全国数学邀请赛试题审题要津详细评注(高一版)	2014—03	28.00	335
第19～23届"希望杯"全国数学邀请赛试题审题要津详细评注(高二版)	2014—03	38.00	336
第19～25届"希望杯"全国数学邀请赛试题审题要津详细评注(初一版)	2015—01	38.00	416
第19～25届"希望杯"全国数学邀请赛试题审题要津详细评注(初二、初三版)	2015—01	58.00	417
第19～25届"希望杯"全国数学邀请赛试题审题要津详细评注(高一版)	2015—01	48.00	418
第19～25届"希望杯"全国数学邀请赛试题审题要津详细评注(高二版)	2015—01	48.00	419
物理奥林匹克竞赛大题典——力学卷	2014—11	48.00	405
物理奥林匹克竞赛大题典——热学卷	2014—04	28.00	339
物理奥林匹克竞赛大题典——电磁学卷	即将出版		406
物理奥林匹克竞赛大题典——光学与近代物理卷	2014—06	28.00	345
历届中国东南地区数学奥林匹克试题集(2004～2012)	2014—06	18.00	346
历届中国西部地区数学奥林匹克试题集(2001～2012)	2014—07	18.00	347
历届中国女子数学奥林匹克试题集(2002～2012)	2014—08	18.00	348

哈尔滨工业大学出版社刘培杰数学工作室
已出版(即将出版)图书目录

书 名	出版时间	定 价	编号
几何变换(Ⅰ)	2014—07	28.00	353
几何变换(Ⅱ)	即将出版		354
几何变换(Ⅲ)	即将出版		355
几何变换(Ⅳ)	即将出版		356
美国高中数学竞赛五十讲.第1卷(英文)	2014—08	28.00	357
美国高中数学竞赛五十讲.第2卷(英文)	2014—08	28.00	358
美国高中数学竞赛五十讲.第3卷(英文)	2014—09	28.00	359
美国高中数学竞赛五十讲.第4卷(英文)	2014—09	28.00	360
美国高中数学竞赛五十讲.第5卷(英文)	2014—10	28.00	361
美国高中数学竞赛五十讲.第6卷(英文)	2014—11	28.00	362
美国高中数学竞赛五十讲.第7卷(英文)	2014—12	28.00	363
美国高中数学竞赛五十讲.第8卷(英文)	即将出版		364
美国高中数学竞赛五十讲.第9卷(英文)	即将出版		365
美国高中数学竞赛五十讲.第10卷(英文)	即将出版		366
IMO 50 年.第 1 卷(1959—1963)	2014—11	28.00	377
IMO 50 年.第 2 卷(1964—1968)	2014—11	28.00	378
IMO 50 年.第 3 卷(1969—1973)	2014—09	28.00	379
IMO 50 年.第 4 卷(1974—1978)	即将出版		380
IMO 50 年.第 5 卷(1979—1983)	即将出版		381
IMO 50 年.第 6 卷(1984—1988)	即将出版		382
IMO 50 年.第 7 卷(1989—1993)	即将出版		383
IMO 50 年.第 8 卷(1994—1998)	即将出版		384
IMO 50 年.第 9 卷(1999—2003)	即将出版		385
IMO 50 年.第 10 卷(2004—2008)	即将出版		386
历届美国大学生数学竞赛试题集.第一卷(1938—1949)	2015—01	28.00	397
历届美国大学生数学竞赛试题集.第二卷(1950—1959)	即将出版		398
历届美国大学生数学竞赛试题集.第三卷(1960—1969)	2015—01	28.00	399
历届美国大学生数学竞赛试题集.第四卷(1970—1979)	即将出版		400
历届美国大学生数学竞赛试题集.第五卷(1980—1989)	2015—01	28.00	401
历届美国大学生数学竞赛试题集.第六卷(1990—1999)	2015—01	28.00	402
历届美国大学生数学竞赛试题集.第七卷(2000—2009)	即将出版		403
历届美国大学生数学竞赛试题集.第八卷(2010—2012)	2015—01	18.00	404

哈尔滨工业大学出版社刘培杰数学工作室
已出版（即将出版）图书目录

书　名	出版时间	定　价	编号
新课标高考数学创新题解题诀窍：总论	2014—09	28.00	372
新课标高考数学创新题解题诀窍：必修1～5分册	2014—08	38.00	373
新课标高考数学创新题解题诀窍：选修2—1,2—2,1—1,1—2分册	2014—09	38.00	374
新课标高考数学创新题解题诀窍：选修2—3,4—4,4—5分册	2014—09	18.00	375
全国重点大学自主招生英文数学试题全攻略：词汇卷	即将出版		410
全国重点大学自主招生英文数学试题全攻略：概念卷	2015—01	28.00	411
全国重点大学自主招生英文数学试题全攻略：文章选读卷（上）	即将出版		412
全国重点大学自主招生英文数学试题全攻略：文章选读卷（下）	即将出版		413
全国重点大学自主招生英文数学试题全攻略：试题卷	即将出版		414
全国重点大学自主招生英文数学试题全攻略：名著欣赏卷	即将出版		415
数学王者　科学巨人——高斯	2015—01	28.00	428
数学公主——科瓦列夫斯卡娅	即将出版		
数学怪侠——爱尔特希	即将出版		
电脑先驱——图灵	即将出版		
闪烁奇星——伽罗瓦	即将出版		

联系地址：哈尔滨市南岗区复华四道街10号　哈尔滨工业大学出版社刘培杰数学工作室
网　　址：http://lpj.hit.edu.cn/
邮　　编：150006
联系电话：0451—86281378　　13904613167
E-mail:lpj1378@163.com